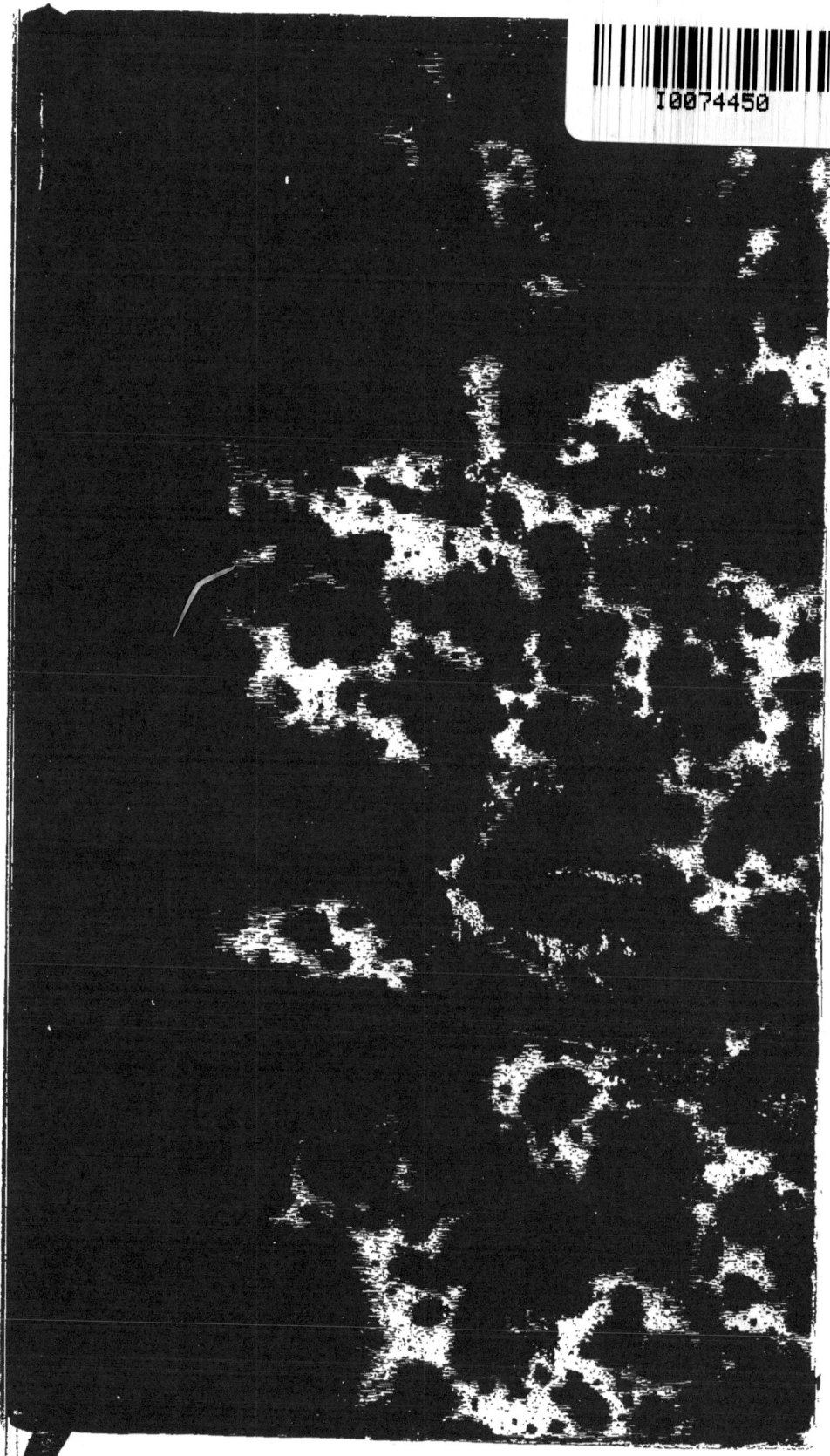

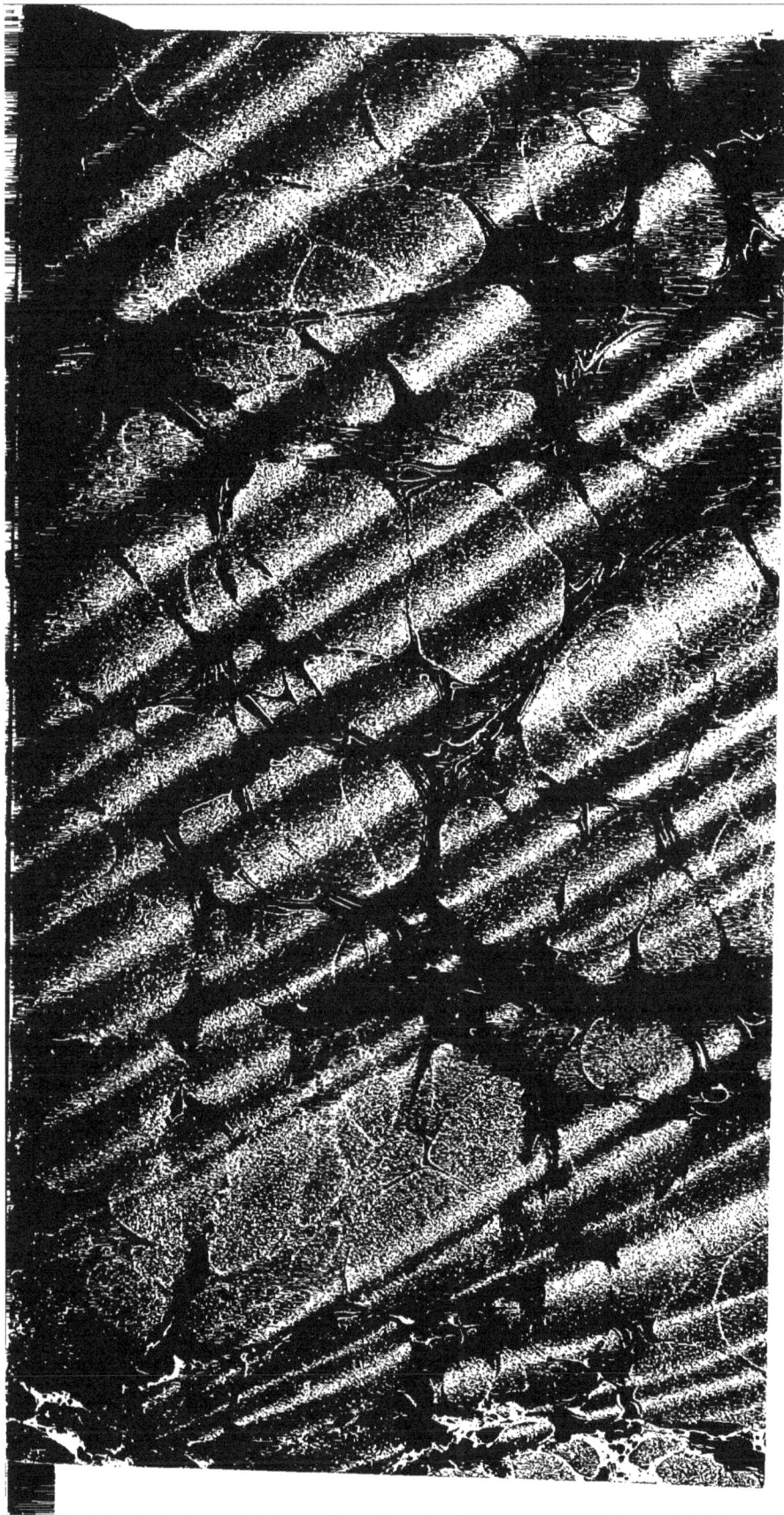

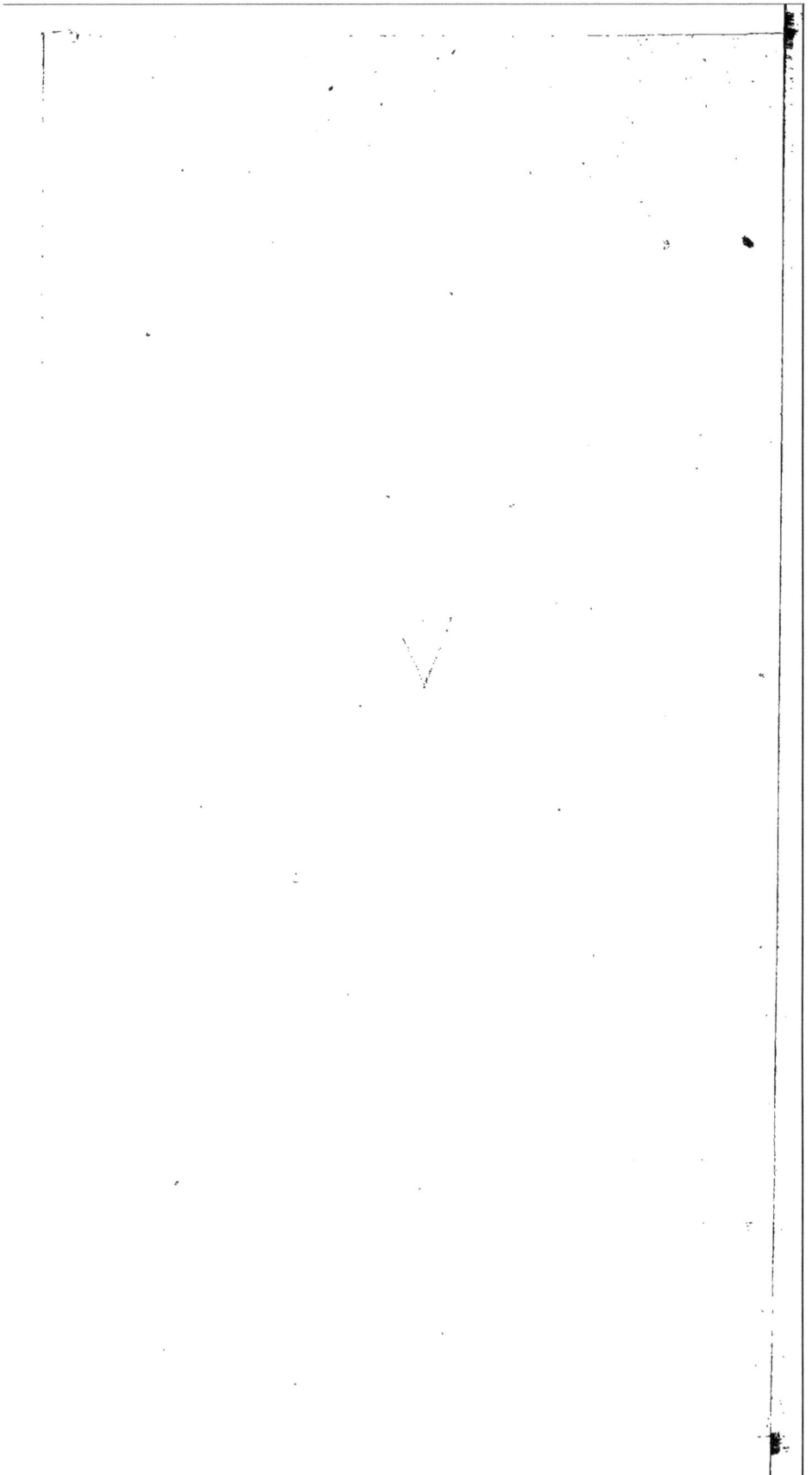

TRAITÉS COMPLETS

D'ARPENTAGE

ET DE

GÉODÉSIE MODERNE,

AUGMENTÉS DE LA

STÉRÉOMÉTRIE

ET DE LA

TRIGONOMÉTRIE.

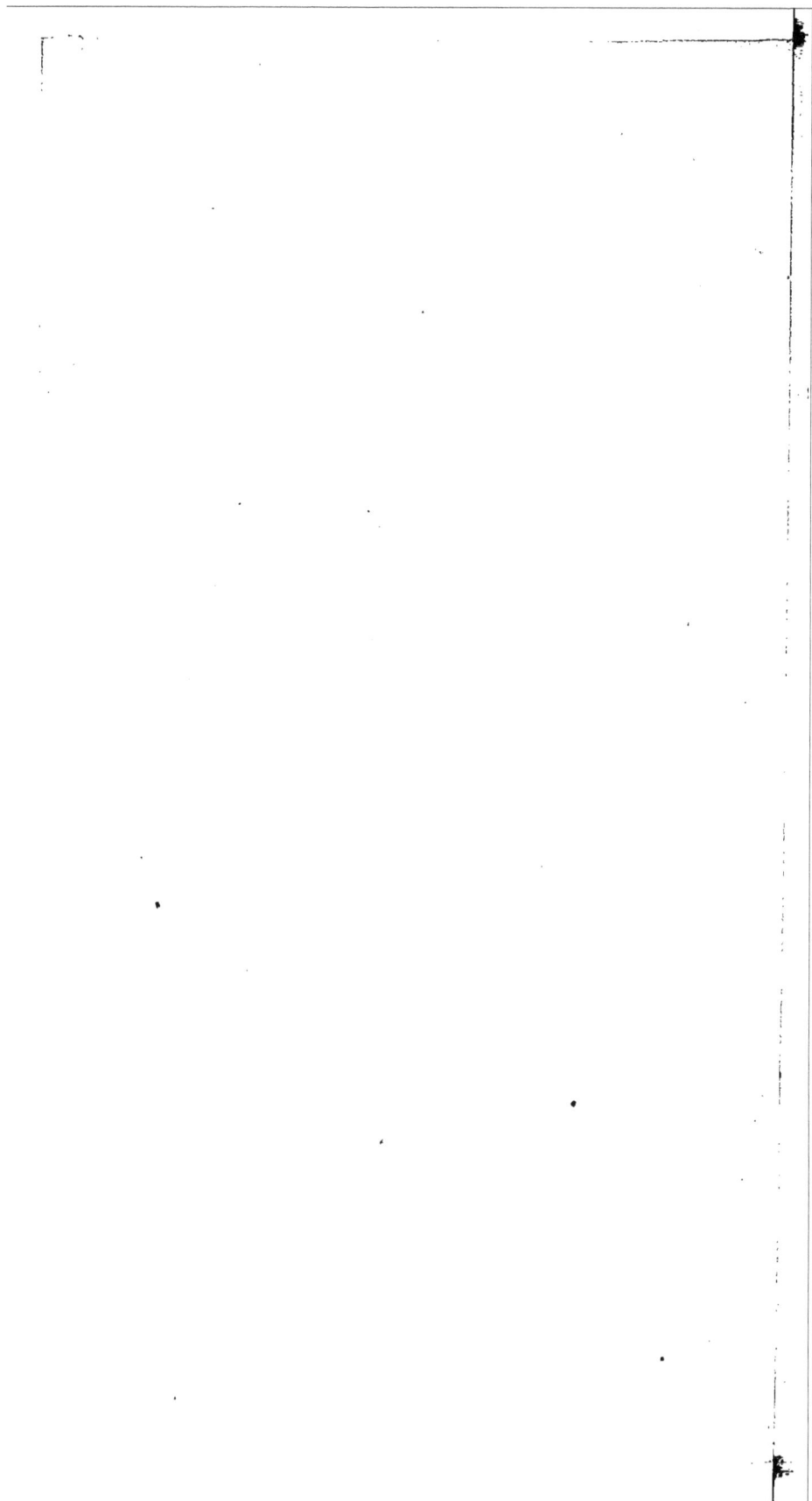

TRAITÉS COMPLETS

THÉORIQUES ET PRATIQUES

DE L'ARPENTAGE,

DE LA

GÉODÉSIE MODERNE,

OU

DE LA DIVISION DU TERRAIN,

AUGMENTÉS DE

LA STÉRÉOMÉTRIE PRATIQUE,

OU

DE LA MESURE DES CORPS SOLIDES;

ET DE LA

TRIGONOMÉTRIE PRATIQUE,

SANS SE SERVIR DE CALCULS ET SANS LE SECOURS D'INSTRUMENTS
GÉOMÉTRIQUES ;

PAR A.-I. CATONNET,

ANCIEN ÉLÈVE DE L'ÉCOLE POLYTECHNIQUE, ET GÉOMÈTRE A CONTY.

Seconde Édition.

AMIENS.

CHEZ CARON-VITET, IMPRIMEUR-ÉDITEUR,

PLACE DU GRAND-MARCHÉ, N°. 1.

1845.

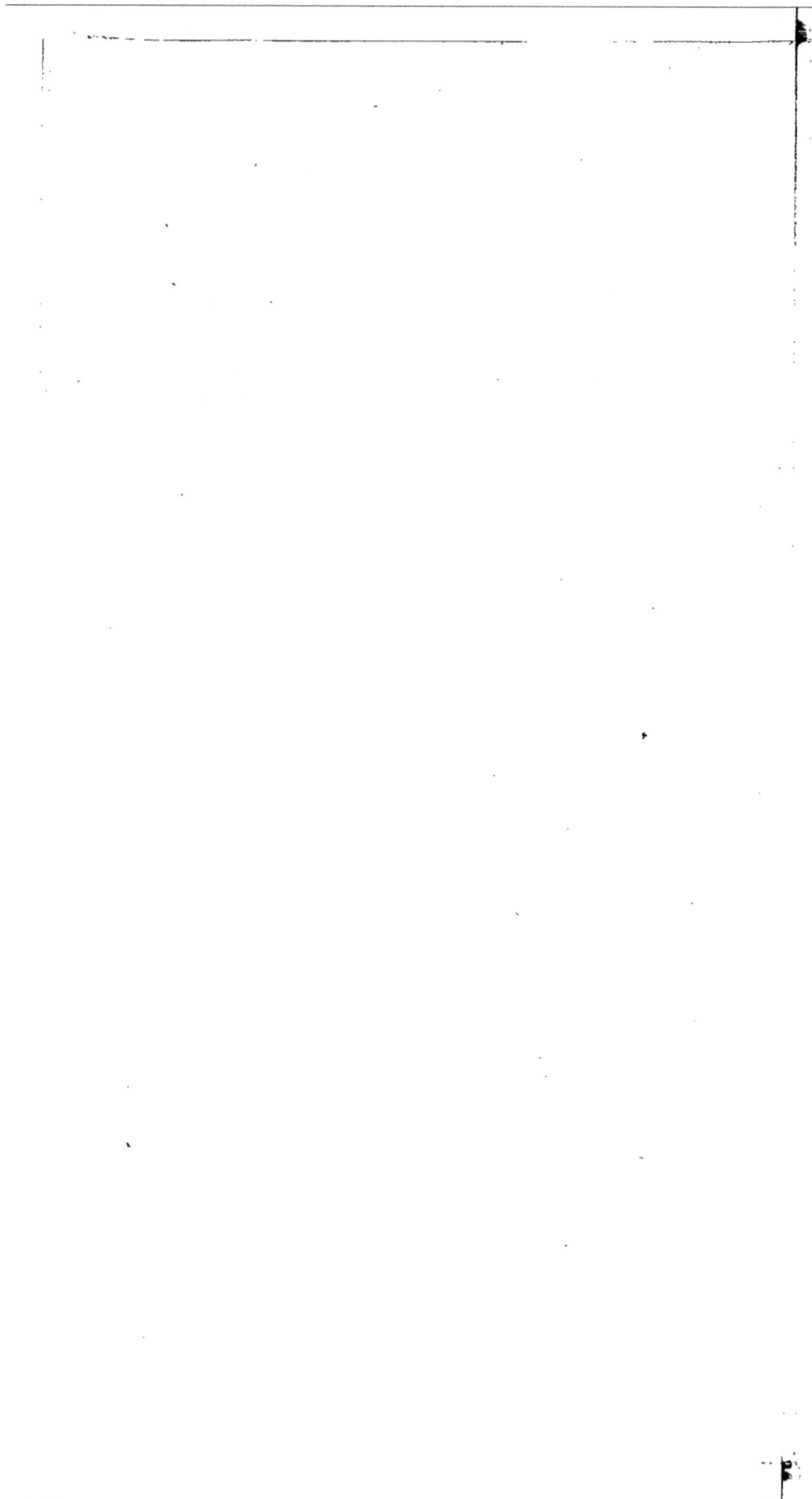

AVIS DE L'ÉDITEUR.

La première édition des nouveaux traités d'Arpentage et de Géodésie que nous avons publiée en 1841, et qui, à son apparition, a reçu l'accueil le plus flatteur des géomètres et des arpenteurs, se trouve aujourd'hui entièrement épuisée; les demandes des personnes qui n'ont encore pu se procurer ce volume, sont pour nous des motifs d'encouragement qui nous ont engagé à entreprendre une seconde édition soigneusement revue par l'auteur, que l'on peut regarder, à juste titre, comme l'un des plus habiles praticiens de l'époque.

Pour compléter cet ouvrage si précieux nous y avons ajouté :

1°. Un *Traité de Stéréométrie, ou l'Art de Mesurer les Corps solides.* Comme l'Arpentage et la Géodésie, cette méthode est expliquée d'une manière claire, précise, rationnelle et propre à inculquer aisément des principes certains et invariables dans l'esprit des jeunes gens qui désirent acquérir des connaissances positives dans la science de mesurer les surfaces et les solides de tout corps métrique.

2°. Un *Traité de Trigonométrie rectiligne*, à l'aide duquel on peut, sans aucun calcul, et avec le décamètre seul et des jalons, résoudre tous les problêmes et vaincre toutes les difficultés qui se rencontrent dans les distances inaccessibles. Pour opérer avec succès par la méthode qui nécessite la connaissance des calculs logarithmiques, il faut encore être versé dans celle des tables, des sinus, des tangentes, etc., et se servir d'instruments géométriques, qui le plus souvent sont mal gradués, et induisent les observateurs en erreur, tandis que se servant de ce mode, on peut lever, avec toute la justesse désirable, toute espèce de plans topographiques et géographiques : Quatre problêmes suffisent pour arriver à ce beau résultat.

Nous pouvons donc dire, sans crainte d'être démenti, que cet ouvrage, avec ses améliorations et ses additions, est le plus complet de tous ceux qui ont été publiés jusqu'à nos jours; qu'il devient *l'indispensable* des géomètres, arpenteurs, métreurs, artistes, propriétaires, et de toutes les personnes qui se livrent aux calculs et aux opérations géométriques.

C'est pour nous un devoir de dire que ce livre, tout petit qu'il est, renferme, par sa clarté, sa concision et son laconisme, la matière de plusieurs gros volumes in-octavo.

EXPLICATIONS
DES SIGNES GÉOMÉTRIQUES.

Pour venir en aide aux élèves et aux personnes qui ne seraient pas familiarisées avec les signes algébriques employés dans le cours de ces Traités, l'auteur a jugé à propos d'en donner une explication succincte pour les mettre à portée de les connaître.

: **Deux** points placés verticalement les uns sous les autres, signifient et se prononcent *est à*.
comme.

Ces signes servent à établir et à marquer une proportion ou une analogie.

EXEMPLE :

$$A : B :: C : D, \text{ ou } 2 : 4 :: 3 : 6$$

que l'on prononce A *est à* C *comme* C *est à* D , ou 2 *est à* 4 *comme* 3 *est à* 6.

+ Une petit ligne verticale coupée horizontalement par le milieu par une autre petite ligne, se prononce *plus*.

— Un petit trait horizontale se prononce *moins*.

= Deux petites lignes parallèles, se prononcent *égal*.

EXEMPLE :

$$B + C = D, \quad D - B = C, \text{ ou } 6 + 8 = 14, \text{ et}$$
$$15 - 6 = 9,$$ que l'on prononce B *plus* C *égal* D ; D *moins* B *égal* C , ou 6 *plus* 8 *égal* 14 , et 15 *moins* 6 *égal* 9.

× Deux petites lignes coupées obliquement comme une croix de Saint-André ou un x, signifie *multiplié par*.

$\dfrac{1}{2}$ $\dfrac{A}{B}$ Une petite ligne horizontale ayant un ou plusieurs caractères en dessus et en dessous, signifie *divisé par.*

Ainsi, on prononcera 1 *divisé par* 2, A *divisé par* B.

EXEMPLE :

$A \times B = AB$. $AB \times C = ABC$. $\dfrac{20}{5} = 4$.

$\dfrac{AB}{BC} = AC$. $\dfrac{AB \times BC}{CD} = ABC$. $\dfrac{6 \times 4}{6} = 4$.

que l'on prononce A *multiplié par* B *égal* AB; AB *multiplié par* C *égal* ABC ; 20 *divisé par* 5 *égal* 4; AB *divisé par* BC *égal* AC; *multiplié par* CB, *divisé par* CD, *égal* ABC. 6 *multiplié par* 4, *divisé par* 6 *égal* 4.

$\overset{2}{\checkmark}$ Une espèce de V surmonté du caractère 2 indique la racine carrée d'un nombre.

$\checkmark$ Le même signe, surmonté du caractère 3, indique la racine cubique, etc.

$\overline{AB}^2$ signifie que AB est multiplié par lui-même, ou élevé à la seconde puissance; c'est comme si l'on disait AB multiplié par AB.

$\overline{24}^2$ signifie que 24 est multiplié par lui-même, ou élevé à la seconde puissance; c'est comme si l'on disait 24 multiplié par 24 égal 576, etc.

Il est aisé de voir que ces signes abrègent considérablement les démonstrations des problêmes.

NOUVEAU

TRAITÉ COMPLET

DE

L'ARPENTAGE.

L'ARPENTAGE est une science dépendante des mathé-
matiques, qui enseigne à mesurer les superficies planes
du terrain de toute nature, telles que terres, prés,
bois, vignes, landes, eaux, etc.

Ce mot *arpentage* est dérivé des mots latins *agri men-
sor,* qui signifient *mesureur de terre.* C'est une espèce
de toisé métrique qui se mesure avec le décamètre,
longueur de dix mètres, divisé de dix en dix par mètres, et subdivisé en cinq doubles décimètres par mètre. Au moyen de cette mesure on parvient à connaître la surface de chaque pièce de terrain que l'on a
à mesurer : c'est ce qui s'appelle *planimétrie,* ou *arpentage.*

PROBLÈME PREMIER.

Mesurer la superficie d'un triangle rectangle.

La superficie d'un triangle rectangle est égale à
un de ses côtés tenant à l'angle droit, multiplié
par la moitié de l'autre côté aussi adjacent à
l'angle droit.

Soit le triangle rectangle ABC rectangle en B, proposé à mesurer (*figure 1re.*) :

Je multiplie le côté AB par la moitié du côté BC,

1

ou le côté BC par la moitié du côté AB, le produit sera la surface demandée.

EXEMPLE :

AB = 1860 × 1/2 BC = 820 = 15252 pour surface requise; ce qui équivaut à 152 ares 52 centiares, ou 1 hectare 52 ares 52 centiares.

PROBLÊME DEUXIÈME.

Mesurer la superficie d'un triangle obliqu'angle.

La superficie d'un triangle obliqu'angle est égale au côté sur lequel tombe la perpendiculaire multipliée par la moitié de cette perpendiculaire, ou à la perpendiculaire multipliée par la moitié du côté sur lequel elle tombe.

Soit le triangle ABC (*fig.* 2) proposé à mesurer :

Je multiplie le côté BC, ou la perpendiculaire AD, par la moitié du côté BC; le produit sera le requis.

EXEMPLE :

AD = 121 × 1/2 BC = 90. = 10890 pour superficie ; ce qui vaut 108 ares 90 centiares, ou 1 hectare 08 ares 90 centiares.

PROBLÊME DEUXIÈME (BIS).

Mesurer la superficie d'un triangle par la connaissance de ses côtés.

Il faut ajouter ensemble les trois côtés du triangle, et prendre la moitié de la somme ; de cette moitié retrancher successivement la somme de chaque côté, puis multiplier successivement cette moitié par chaque reste, et du produit de la multiplication de ces trois restes, en extraire la racine carrée; le quotient de la racine donnera la superficie du triangle.

EXEMPLE :

Soit le triangle ABC (*fig. 2 bis*) proposé à mesurer :

Côté BC = 36.	44 — 36 = 8. 1er. reste.
Côté BA = 30.	44 — 30 = 14. 2e. reste.
Côté AC = 22.	44 — 22 = 22. 3e. reste.

Somme = 88.

½ = 44.

44 × 22 = 968. 1er. produit.

968 × 14 = 13552. 2e. produit.

13552 × 8 = 108416. 3e. produit total.

$\sqrt[2]{}$ 108416 = 329,25 pour la superficie du triangle.

Cette opération est un chef-d'œuvre de découverte de son auteur.

PROBLÊME TROISIÈME.

Mesurer la superficie d'un carré parfait.

La superficie d'un carré parfait est égale à un de ses côtés, multiplié par lui-même.

Soit le carré ABCD (*fig. 3*), proposé à mesurer :
Je multiplie BC par BC; le produit est ABCD.

EXEMPLE :

BC = 124 × BC = 124 = 15376 pour superficie ; ce qui vaut à 153 ares 76 centiares ou 1 hectare 53 ares 76 centiares.

PROBLÊME QUATRIÈME.

Mesurer la superficie d'un parallélogramme.

La superficie d'un parallélogramme est égale à un de ses grands côtés, multiplié par un de ses petits côtés.

Soit le parallélogramme ABCD (*fig.* 4), proposé à mesurer :

Je multiplie le côté BC par le côté AB; le produit ABCD sera la superficie requise.

EXEMPLE :

BC = 202 × AB = 93 = 18786 pour surface requise ; ce qui équivaut à 187 ares 86 centiares, ou 1 hectare 87 ares 86 centiares.

PROBLÈME CINQUIÈME.

Mesurer la surface d'un trapèze.

La superficie d'un trapèze est égale à la diagonale, multipliée par la moitié de chaque perpendiculaire ajoutée ensemble.

Que le trapèze ABCD (*fig.* 5) soit proposé à mesurer : J'ajoute ensemble les deux perpendiculaires AE et FC ; je prends la moitié de leur somme, que je multiplie par la diagonale BD ; le produit sera le requis.

EXEMPLE :

$$\left(\frac{AE = 90 + FC = 100}{2} \right) = 95 \times BD = 230 = 21850$$

pour surface ; ce qui équivaut à 218 ares 50 centiares, ou 2 hectares 18 ares 50 centiares.

PROBLÈME SIXIÈME.

Autre manière de mesurer un trapèze.

La superficie du trapèze est égale à la moitié de la somme des deux côtés parallèles, multipliée par le côté entre deux angles droits.

Soit le trapèze ABCD (*fig.* 6) : J'ajoute ensemble les côtés AB et CD ; je prends la moitié de leur somme, que je multiplie par BC ; le produit est la surface demandée.

EXEMPLE :

$$\left(\frac{AB = 110 + CD = 144}{2}\right) = 127 \times BC = 200 = 25400,$$

ce qui vaut 254 ares, ou 2 hectares 54 ares.

PROBLÊME SEPTIÈME.

Mesurer la superficie d'un trapèze isocèle.

La superficie d'un trapèze isocèle est égale au produit de sa base, multiplié par la perpendiculaire.

Soit le trapèze isocèle ADCB (*fig.* 7), proposé à mesurer : Je multiplie la base DC par la perpendiculaire AE ; le produit est la surface requise.

EXEMPLE :

(DC = 200 × AE = 144) = 28800, qui sera la valeur de 288 ares, ou 2 hectares 88 ares.

PROBLÊME HUITIÈME.

Mesurer la superficie d'un trapézoïde ou quadrilatère.

La superficie d'un trapézoïde est égale à la moitié de la somme des deux perpendiculaires, multipliée par la diagonale.

Que le trapézoïde ABCD (*fig.* 8) soit proposé à mesurer : J'ajoute ensembles les deux perpendiculaires AE et FC ; j'en prends la moitié, que je multiplie par BD ; le produit sera la surface demandée.

EXEMPLE :

$$\left(\frac{AE = 90 + FC = 106}{2}\right) = 98 \times BD = 272. = 26656,$$

équivalent à 266 ares 56 centiares, ou 2 hectares 66 ares 56 centiares.

1.

PROBLÊME NEUVIÈME.

Mesurer la superficie d'un rhombe ou losange.

La superficie d'un rhombe, ou d'un losange, est égale au produit de sa base, multiplié par la perpendiculaire.

Soit le rhombe ABCD (*fig.* 9), dont on veut connaître la surface : Je multiplie le côté BC par la perpendiculaire AE ; le produit sera la surface.

EXEMPLE :

(BC = 130 × AE = 120) = 15600, ce qui vaut 156 ares, ou 1 hectare 56 ares.

PROBLÊME DIXIÈME.

Mesurer la superficie d'un pentagone régulier.

La superficie d'un pentagone est égal au produit d'un de ses triangles compris entre deux rayons, multiplié par 5.

Soit le pentagone BCEFG (*fig.* 10), proposé à mesurer : Je mesure la surface d'un de ses triangles, comme BAC, j'en quintuple sa surface ; le produit sera le requis.

EXEMPLE :

(BC = 100 × 1/2 AD = 35) = 3500 ; et 3500 × 5 = 17500 pour surface, qui équivalent à 175 ares, ou 1 hectare 75 ares.

PROBLÊME ONZIÈME.

Mesurer la superficie d'un pentagone irrégulier.

On a déjà dit, en géométrie, que tout polygone quelconque pouvait être divisé par des diagonales, en autant de triangles, moins deux, qu'il a de côtés ; en conséquence, on conclura que :

La superficie de tout polygone quelconque est égale à la surface des triangles qu'il renferme, ajoutés ensemble.

Soit le pentogone irrégulier ABCDE (*fig.* 11), proposé à mesurer : Je commence ainsi :

1°. QUADRILATÈRE ABDE.

$$\left(\frac{EF=106+HB=136}{2}\right)=121\times AD=270 — \text{ci.} \ . \ 32670$$

2°. TRIANGLE BDC.

$$(BD=274\times 1/2\,GC=20) — \text{ci} \ . \ . \ . \ . \ . \ . \ . \ 5480$$

Produit . . . 38150

ce qui équivaut à 381 ares 50 centiares, ou 3 hectares 81 ares 50 centiares.

PROBLÊME DOUZIÈME.

Mesurer la superficie d'un hexagone irrégulier.

Soit l'hexagone irrégulier ABCDEF (*fig.* 12), proposé à mesurer : Je commence ainsi :

1°. QUADRILATÈRE AFEB.

$$\left(\frac{AH=94+HE=64}{2}\right)=79\times FB=300 — \text{ci} \ . \ 23700$$

2°. QUADRILATÈRE EDCB.

$$\left(\frac{BI=122+JD=42}{2}\right)=82\times EC=194 — \text{ci.} \ . \ 15908$$

Total. . . . 39608

équivalent à 396 ares 08 centiares, ou 3 hectares 96 ares 08 centiares.

Les polygones prennent leurs noms selon le nombre de côtés :

De 3 côtés, *triangle*;	De 6 côtés, *hexagone*;
De 4 côtés, *quadrilatère*;	De 7 côtés, *heptagone*;
De 5 côtés, *pentagone*;	De 8 côtés, *octogone*;

De 9 côtés, *ennéagone;* | De 12 côtés, *dodécagone;*
De 10 côtés, *décagone;* | De 100 côtés, *chyliogone;*
De 11 côtés, *eudécagone;* | De 1000 côtés, *myriagone.*

PROBLÈME TREIZIÈME.

Mesurer la superficie d'un quadridécagone irrégulier.

1°. QUADRILATÈRE GJIH.

$$\left(\frac{ZH = 60 + ETJ = 54}{2}\right) = 57 \times GI = 190 - ci \quad 10830$$

2°. QUADRILATÈRE KFGI.

$$\left(\frac{FX = 60 + YJ = 80}{2}\right) = 70 \times GK = 224 - ci \quad 15680$$

3°. QUADRILATÈRE ELKF.

$$\left(\frac{EU = 92 + VK = 106}{2}\right) = 99 \times LF = 178 - ci \quad 17622$$

4°. QUADRILATÈRE DMLE.

$$\left(\frac{SE = 50 + TM = 30}{2}\right) = 40 \times LD = 280 - ci \quad 11200$$

5°. QUADRILATÈRE BCDM.

$$\left(\frac{DR = 120 + QB = 48}{2}\right) = 84 \times CM = 210 - ci \quad 17640$$

6°. QUADRILATÈRE ABMN.

$$\left(\frac{BO = 44 + PN = 84}{2}\right) = 64 \times AM = 212 - ci \quad 13568$$

Total 86540

équivalent à 865 ares 40 centiares, ou 8 hectares 65 ares 40 centiares.

PROBLÈME QUATORZIÈME.

Autre manière de mesurer un polygone irrégulier.

Soit l'octodécagone (*fig.* 14), proposé à mesurer.

On mènera une diagonale, comme RI, du point R au point I, sur laquelle on rattachera toutes les opé-

rations que l'on aura à faire, par des perpendiculaires élevées ou abaissées à chaque angle de la figure,
qui formeront autant de trapèzes et de triangles qu'il
y aura de côtés; ensuite on mesurera ces trapèzes
et triangles partiellement, on ajoutera ensemble tous
ces produits partiels pour en former un produit total.

Voici le type de ce calcul.

1°. TRIANGLE RAS.

$$(AS = 96 \times {}^{1}/_{2} RS = 8) - ci . . . . \qquad 758$$

2°. TRAPÉZE ASVB.

$$\left(\frac{AS = 96 + BV = 98}{2} \right) = 97 \times SV = 90 - ci \qquad 8730$$

3°. TRAPÈZE ZCDa.

$$\left(\frac{ZC = 66 + Da = 80}{2} \right) = 73 \times Za = 124 - ci \qquad 8952$$

4°. TRAPÉZE aDEc.

$$\left(\frac{aD = 80 + Ec = 106}{2} \right) = 93 \times ac = 80 - ci \qquad 7440$$

5°. TRAPÉZE cEFe.

$$\left(\frac{cE = 106 + Fe = 88}{2} \right) = 97 \times ce = 120 - ci \qquad 11640$$

6°. TRAPÉZE eFGf.

$$\left(\frac{eF = 88 + Gf = 142}{2} \right) = 115 \times ef = 24 - ci \qquad 2760$$

7°. TRAPÉZE fGHh.

$$\left(\frac{fG = 142 + Hh = 140}{2} \right) = 141 \times fh = 76 - ci \qquad 10716$$

8°. TRIANGLE JgI.

$$(Jg = 110 \times {}^{1}/_{2} gI = 28) = ci . . . . \qquad 3080$$

A reporter. . . . 54076

Report. . . . 84076

9⁶. Trapèze JgdK.

$$\left(\frac{Jg = 110 + dK = 88}{2} \right) = 99 \times dg = 104 \text{— ci} \quad 10296$$

10°. Trapèze KdbL.

$$\left(\frac{Kd = 88 + bL = 34}{2} \right) = 61 \times bd = 74 \text{— ci} \quad 4514$$

11°. Trapèze LbaM.

$$\left(\frac{Lb = 34 + aM = 96}{2} \right) = 65 \times ab = 150 \text{— ci} \quad 9750$$

12°. Trapèze aMNY.

$$\left(\frac{aM = 96 + NY = 84}{2} \right) = 90 \times Ya = 80 \text{— ci} \quad 7200$$

13°. Trapèze NYXO.

$$\left(\frac{NY = 84 + XO = 122}{2} \right) = 103 \times YX = 16 \text{— ci} \quad 1638$$

14°. Trapèze XOUT.

$$\left(\frac{XO = 122 + UT = 128}{2} \right) = 125 \times TX = 74 \text{— ci} \quad 9250$$

15°. Triangle PUQ.

$(UQ = 90 \times \frac{1}{2} PU = 7)$ — ci 630

16°. Triangle QTR.

$(RT = 46 \times \frac{1}{2} QT = 19)$ — ci 874

Total. 105608

sur laquelle somme totale il faut en déduire
le triangle d'emprunt IHh.

$(Hh = 140 \times \frac{1}{2} Ih = 5)$ — ci. 700

Reste. 104908

qui équivaut à 1049 ares 8 centiares, ou 10 hectares
49 ares 8 centiares.

Cette opération, quoique plus longue que la pré-cédente, est cependant celle dont on se sert presque généralement dans l'arpentage.

On a mis le type du calcul pour familiariser les commençants, et pour leur donner l'idée de ranger ces calculs en ordre, afin de mieux re-connaître les opérations, comme on en donnera encore quelques-uns dans la suite.

PROBLÈME QUINZIÈME.

Mesurer un terrain tenant aux sinuosités d'une rivière.

On mènera une ligne à volonté, comme fI, (*fig.*15), le long de la rivière, sur laquelle on rattachera les sinuosités les plus apparentes par des perpendi-culaires qui formeront des trapères et des triangles, que l'on mesurera séparément pour en former un produit total, comme on va le voir par le type du calcul suivant :

1°. TRIANGLE Aif.

$$(Ai = 64 \times \frac{1}{2} \; fi = 10) - ci \ldots \ldots \ldots \quad 640$$

2°. TRAPÈZE Aifg.

$$\left(\frac{Ai = 64 \times gf = 52}{2} \right) = 58 \times if = 30 - ci. \ldots \quad 1680$$

3°. TRAPÈZE gfvx.

$$\left(\frac{gf = 52 + vx = 30}{2} \right) = 62 \times fv = 40 - ci. \ldots \quad 3280$$

4°. TRAPÈZE xved.

$$\left(\frac{xv = 30 + ed = 20}{2} \right) = 25 \times ve = 60 - ci. \ldots \quad 1500$$

5°. TRAPÈZE debc.

$$\left(\frac{de = 20 + bc = 30}{2} \right) = 25 \times eb = 40 - ci. \quad 1000$$

A reporter . . . 8100

Report. . . . 8100

6°. Trapèze cbVX.

$$\left(\frac{cb = 30 \times VX = 56}{2}\right) = 43 \times bV = 50 - ci \quad 2150$$

7°. Trapèze XVUY.

$$\left(\frac{XV = 56 + UY = 90}{2}\right) = 73 \times YU = 30 - ci \quad 2190$$

8°. Triangle YZa.

$(YZ = 60 \times \frac{1}{2} \, aa = 5) - ci \ldots \ldots \ldots 300$

9°. Triangle YTZ.

$(YT = 46 \times \frac{1}{2} \, YZ = 30) - ci \ldots \ldots \ldots 1312$

10°. Trapèze TURS.

$$\left(\frac{TU = 44 \times RS = 24}{2}\right) = 34 \times UR = 52 - ci \quad 1768$$

11°. Trapèze SRPQ.

$$\left(\frac{SR = 24 + PQ = 44}{2}\right) = 34 \times RP = 64 - ci \quad 2176$$

12°. Trapèze QPON.

$$\left(\frac{QP = 44 + ON = 82}{2}\right) = 63 \times PO = 24 - ci \quad 1512$$

13°. Trapèze NOLM.

$$\left(\frac{NO = 82 + LM = 84}{2}\right) = 83 \times OL = 42 - ci \quad 3486$$

14°. Trapèze MLJK.

$$\left(\frac{ML = 84 + JK = 38}{2}\right) = 61 \times LJ = 56 - ci \quad 3416$$

15°. Trapèze KJIF.

$$\left(\frac{KJ = 38 + IF = 20}{2}\right) = 29 \times JI = 74 - ci \quad 2146$$

A reporter. . . 28556

Report. . . . 28556

16°. Trapèze fhBj.

$$\left(\frac{fh = 40 + Bj = 70}{2}\right) = 55 \times jh = 112 - ci \quad 6160$$

17°. Triangle Bjc.

$$(\,Bj = 70 \times \tfrac{1}{2}\,jc = 43\,) - ci \ldots \ldots \ldots \quad 3010$$

18°. Trapèze HIGE.

$$\left(\frac{HI = 42 \times GE = 42}{2}\right) = 42 \times GH = 86 - ci \quad 3612$$

19°. Triangle GDE.

$$(\,GD = 108 \times \tfrac{1}{2}\,GE = 21\,) - ci \ldots \ldots \quad 2268$$

20°. Trapèze hCDH.

$$\left(\frac{HC = 198 + DH = 194}{2}\right) = 196 \times CD = 460 - ci \quad 90160$$

Total. . . . 133834

ce qui équivaut à 1338 ares 34 centiares, ou 13 hectares 38 ares 34 centiares.

PROBLÊME SEIZIÈME.

Mesurer un terrain dont il se rencontre des obstacles où l'on ne peut apercevoir différents points, et la manière de surmonter ces difficultés.

Dans la fig. 16, la ligne AB et la perpendiculaire EK se trouvant inaccessibles, on lèvera les deux ponits B et K trigonométriquement.

Dans le triangle ABD, on connaît le côté AD = 270. L'angle droit A, de 90^d; l'angle B, de 27^d 20', et l'angle D, de 62^d 40'. Puis on fera cette analogie pour connaître le côté AB.

2

Sinus B=27^{d}20' : AD=270 :: Sinus D=62^{d}40 : x=AB
  9.661970 : 2,431364 :: 9.948584
              2,431364

              12.379948
              9.661970

Qui répond dans les tables à 522
 pour côté AB 2.717978

Et pour avoir la longueur de la perpendiculaire EK : le côté DE = 240 est connu, ainsi que l'angle E = 90^d, l'angle D = 60^d, et l'angle conclu K = 30^d. Pour avoir EK, on fera cette autre analogie.

Sinus K = 30^d : DE = 240 :: sinus D = 60^d : x = EK.
  9.705469 : 2.380211 :: 9.937531
              2.380211

              12.317742
              9.705469

      EK = 410 2.612273

Pour avoir la perpendiculaire DC. Du point D on ne peut apercevoir le point C ; ce même point C ne peut non plus être aperçu des points A et E, à cause du bois qui en dérobe la vue. On ne peut par conséquent lever cette ligne par les moyens de la trigonométrie ; en conséquence, pour surmonter cet obstacle, on se placera au point D, qui se trouve vis-à-vis d'un point ; de ce point on mesurera une distance à volonté, comme DQ = 312. Arrivé au point Q, on se retournera à angle droit vers le point P, pris arbitrairement, on mesurera la distance PQ, qu'on aura trouvé être de 72. Arrivé au point P, on se retournera à angle droit vers le point M, et on aura PM parallèle à QC, dont la distance est de 222. Arrivé au point M, on se retournera à angle droit au point C, dont on mesurera 72 égale à QP ; ensuite ajoutant à

DQ = 312 la distance PM = 222, qui est la même distance de Q à C, on aura pour somme 534, pour la longueur de la perpendiculaire DC.

Ces points inaccessibles étant connus, on mesurera facilement la figure, comme on va le voir.

1°. Trapèze ABCD.

$$\left(\frac{AB = 522 + CD = 534}{2}\right) = 528 \times AD = 270 - \text{ci } 142560$$

2°. Parallélogramme DERS.

$$\left(\frac{DQ = 312 + QS = 114 + ER = 410}{2}\right) = 418$$
$$\times DE = 240 - \text{ci.} \dots \dots \dots \quad 106320$$

3°. Triangle CSL.

$$(SL = 152 \times {}^1\!/_2\, SC = 54) - \text{ci} \dots \dots \quad 2808$$

4°. Triangle LRK.

$$(LR = 70 \times {}^1\!/_2\, RK = 5) - \text{ci} \dots \dots \quad 350$$

5°. Trapèze RKHJ.

$$\left(\frac{RK = 10 + JH = 14}{2}\right) = 12 \times RJ = 60 - \text{ci} \quad 720$$

6°. Triangle HKG.

$$(GK = 346 \times {}^1\!/_2\, KH = 30) - \text{ci} \dots \dots \quad 10380$$

7°. Triangle EFG.

$$(EG = 114 \times {}^1\!/_2\, EF = 35) - \text{ci.} \dots \dots \quad 3990$$

$$\text{Somme.} \dots \quad 267048$$

sur quoi il faut déduire les triangles CMN et IJH ci-après.

$$\text{Somme à reporter.} \dots \quad 267048$$

Report. . . . 267048

TRIANGLE CMN.

(CM $= 72 \times {}^1/_2$ MN $= 24$) — ci . . 1728

TRIANGLE IJH.

(JH $= 14 \times {}^1/_2$ IJ $= 5$) — ci 70

1798   1798

Reste. . . . 265250

ce qui vaut 2652 ares 50 centiares , ou 26 hectares 52 ares 50 centiares.

PROBLÊME DIX-SEPTIÈME.

Quand on a une pièce de terre de forme irrégulière d'une grande étendue , comme la figure **17**. On mènera une ligne , comme **DZ** , le plus près possible des sinuosités de la rivière , sur laquelle on élèvera des perpendiculaires aux sinuosités les plus apparentes, qui formeront des triangles et des trapèzes , qu'on mesurera comme il a été enseigné , et on réunira tous les produits partiels pour en former un produit total.

Voici le type de ce calcul :

1°. TRAPÈZE DIHC.

$\left(\dfrac{DI = 50 + HC = 36}{2} \right) = 43 \times IH = 36$ — ci   1548

2°. TRAPÈZE CHGE.

$\left(\dfrac{CH = 36 + GE = 32}{2} \right) = 34 + HG = 38$ — ci   1292

3°. TRIANGLE EGF.

(EG $= 32 \times {}^1/_2$ GF $= 19$) — ci 608

A reporter. . . . 3448

4°. Trapèze IJKF.

$$\left(\frac{IF = 112 + JK = 102}{2}\right) = 107 \times IJ = 76 - ci \quad 8132$$

5°. Trapèze JNLK.

$$\left(\frac{JK = 102 + NL = 62}{2}\right) = 82 \times JN = 50 - ci \quad 4100$$

6°. Triangle NOM.

(NM = 30 × ¹⁄₂ NO = 30) — ci 900

7°. Trapèze OPQR.

$$\left(\frac{OP = 114 + QR = 40}{2}\right) = 77 \times PQ = 24 - ci \quad 1848$$

8°. Trapèze RQTS.

$$\left(\frac{RQ = 40 + TS = 20}{2}\right) = 30 \times QT = 90 - ci \quad 2700$$

9°. Triangle STU.

(ST = 20 × ¹⁄₂ TU = 26) — ci 520

10°. Trapèze PXVU.

$$\left(\frac{PU = 166 + XV = 212}{2}\right) = 189 \times PX = 48 - ci \quad 9072$$

11°. Triangle XYV.

(XV = 212 × ¹⁄₂ XY = 8) — ci 1696

12°. Triangle BCD.

(BC = 50 × ¹⁄₂ CD = 60) — ci 3000

13°. Trapèze BcbA.

$$\left(\frac{BC = 50 + bA = 30}{2}\right) = 40 \times bc = 190 - ci \quad 7600$$

A reporter. . . . 43016

2.

Report. . . . 43016

14°. Trapèze bDOa.

$$\left(\frac{bD = 310 = Oa = 310}{2}\right) = 310 \times ba = 236 \text{—ci } 73160$$

15°. Trapèze aOZa.

$$\left(\frac{aO = 310 + Za = 160}{2}\right) = 235 \times OZ = 204 \text{—ci } 47940$$

Somme 164116

sur quoi il faut déduire le triangle d'emprunt YZa.

Triangle YZa.

(Za = 160 × ½ YZ = 13) — ci 2080

Reste. . . . 162036

qui vaut 1620 ares 36 centiares, ou 16 hectares 20 ares 36 centiares.

PROBLÊME DIX-HUITIÈME.

Il arrive assez souvent que l'on a des pièces de terre à mesurer sur des terrains montueux, dont on ne peut apercevoir les deux extrémités de la figure, comme figure 18. Pour remédier à cet inconvénient, on mènera, avec des jalons, une ligne arbitraire, comme NY, soit qu'elle entre dans la figure ou qu'elle en sort, sur laquelle on établira ses opérations, que l'on fera à l'ordinaire, ayant soin de porter la chaîne bien horizontalement, et on fera le calcul comme il suit.

1°. Parallélogramme AONL.

(AL = 176 × LN = 40) — ci 7040

A reporter. . . . 7040

Report. . . . 7040

2°. TRIANGLE QRJ.

$(QR = 90 \times \frac{1}{2} RJ = 17)$ — ci 1530

3°. TRAPÈZE RSIJ.

$\left(\dfrac{RJ = 34 + SI = 32}{2} \right) = 33 \times RS = 60$ — ci 1980

4°. TRAPÈZE STHI.

$\left(\dfrac{SI = 32 + TH = 34}{2} \right) = 33 \times ST = 90$ — ci 2970

5°. TRAPÈZE TUGH.

$\left(\dfrac{TH = 34 + UG = 64}{2} \right) = 49 \times TU = 54$ — ci 2646

6°. TRAPÈZE UVFG.

$\left(\dfrac{UG = 64 + VF = 110}{2} \right) = 87 \times UV = 60$ — ci 5220

7°. TRAPÈZE VXEF.

$\left(\dfrac{VF = 110 + XE = 130}{2} \right) = 120 \times VX = 36$ — ci 4320

8°. TRIANGLE XYE.

$(XE = 130 \times \frac{1}{2} XY = 32)$ — ci 4160

9°. TRAPÈZE ALSB.

$\left(\dfrac{AL = 176 + SB = 70}{2} \right) = 123 \times LS = 162$ — ci 20926

10°. TRAPÈZE BSUC.

$\left(\dfrac{BS = 70 + UC = 134}{2} \right) = 102 \times SU = 144$ — ci 14688

11°. TRAPÈZE CUZD.

$\left(\dfrac{CU = 134 + ZD = 96}{2} \right) = 115 \times UZ = 208$ — ci 23920

Somme à reporter. . . . 89400

Report de la somme. . . . 89400

sur quoi il faut déduire les triangles AOM, MNK et DZY.

Triangle AOM.

(OM $= 124 \times \frac{1}{2}$ OA $= 20$) — ci . . . 2480

Triangle MNK.

(MN $= 52 \times \frac{1}{2}$ NK $= 26$) — ci . . . 1352 } 6136

Triangle DYZ.

(YZ $= 48 \times \frac{1}{2}$ DZ $= 48$) — ci . . . 2304

Reste. . . . 83264

ce qui vaut 832 ares 64 centiares, ou 8 hectares 32 ares 64 centiares.

DE LA MESURE DES FIGURES
PAR LA CIRCONSCRIPTION.

On est souvent obligé de circonscrire les figures dont on veut avoir la superficie, et dans lesquelles on ne peut entrer pour opérer dans leur intérieur, tel que serait un bois, un parc, un étang, une marre, etc.

Lorsque ces difficultés se rencontrent, on inscrit la figure à mesurer soit dans un triangle, un trapèze ou un parallélogramme, selon que s'étend la forme de la figure ; ensuite on mesurera la circonscription de cette figure, et du total on en retranchera les parties partielles de cette circonscription ; le reste sera la superficie de la figure.

On va en donner quelques exemples.

PROBLÊME DIX-NEUVIÈME.

Soit le polygone (*fig. 19*), qui est un bois dans lequel on ne peut entrer, et dont on veut savoir la contenance. Par l'inspection de la figure, on voit qu'elle peut être circonscrite par un trapèze, comme PZVT. Puis, sur chaque côté de ce trapèze, on élèvera des perpendiculaires aux sinuosités du bois, qui formeront des trapèzes et des triangles, on mesurera le trapèze qui circonscrit la figure, et du total on en retranchera les figures d'emprunts ; le reste sera la surface demandée.

EXEMPLE :

Trapèze PZVT.

$$\left(\frac{PZ = 234 + VT = 206}{2}\right) = 220 \times ZV = 486 - ci \quad 106920$$

CALCUL DES PARCELLES A RETRANCHER.
1°. Trapèze PaNQ.

$$\left(\frac{Pa = 26 + NQ = 20}{2}\right) = 23 \times aN = 56 - ci \quad 1288$$

2°. Trapèze QNMR.

$$\left(\frac{QN = 20 + MR = 24}{2}\right) = 22 \times QR = 72 - ci \quad 1584$$

3°. Trapèze RMLS.

$$\left(\frac{RM = 24 \nearrow LS = 18}{2}\right) = 21 \times RS = 44 - ci \quad 924$$

4°. Triangle SLK.

$$(SK = 106 \times {}^1/_2 SL = 9) - ci. \ldots \ldots \quad 954$$

5°. Triangle JIT.

$$(JI = 160 \times {}^1/_2 TU = 25) - ci. \ldots \ldots \quad 4000$$

8750

Partie des emprunts. . . 8750

Report du Trapèze PZVT. . . 106920

Report des emprunts. . . 8750

6°. TRAPÈZE HVXG.

$$\left(\frac{HV=76+XG=60}{2}\right)=68\times VX=114 - \text{ci} \quad 7752$$

7°. TRIANGLE EXF.

$(EX = 144 \times {}^1/_2 \; XF = 15)$ — ci 2160

8°. TRIANGLE DYE.

$(DY = 32 \times {}^1/_2 \; YF = 54)$ — ci . . . . . . 1728 } 28570

9°. TRAPÈZE DYaC.

$$\left(\frac{DY=32+aC=42}{2}\right)=37\times aY=60 - \text{ci} \quad 2220$$

10°. TRAPÈZE BaZA.

$$\left(\frac{Ba=84+ZA=96}{2}\right)=90\times Za=60 - \text{ci} \quad 5400$$

11°. TRIANGLE OaA.

$(aA = 112 \times {}^1/_2 \; aO = 5)$ — ci 560

Total des emprunts. . . 28570

Reste pour la superficie du bois. . . . 78350

qui équivaut à 783 ares 50 centiares, ou 7 hectares 83 ares 50 centiares.

PROBLÊME VINGTIÈME.

La figure 20 est supposée une pièce d'eau ou un étang; on voit que cette figure peut être inscrite dans un parallélogramme. On mesurera ce parallélogramme, et du total ou en retranchera les emprunts; le reste sera la superficie demandée.

EXEMPLE :

Le parallélogramme AHIL contient 84480

Les emprunts à déduire sont :

1°. Trapèze LMGF = ci 2079
2°. Triangle MAG = ci 1859
3°. Triangle BHC = ci 1130
4°. Trapèze CIJD = ci 5985
5°. Trapèze JKED = ci 4920
6°. Triangle KEF = ci 1020

16993

Reste. 67487

équivalent à 6 hectares 74 ares 87 centiares pour surface.

DE LA MESURE DES FIGURES CIRCULAIRES.

On a déjà démontré en géométrie la manière de mesurer ces sortes de figures ; mais comme ceux qui auront en main ce présent Traité d'Arpentage ne se seront peut-être pas procuré le Traité de Géométrie, du même auteur, on ne croit pas inutile de le répéter ici.

DU CERCLE ET DE SA MESURE.
PROBLÊME VINGT-ET-UNIÈME.

Archimède a trouvé que le rapport du diamètre du cercle à la circonférence, était comme 7 : 22. Adrien Métius a trouvé autre un rapport plus rapproché, qui est comme 113 : 355 ; mais comme le rapport d'Archimède est plus court, et qu'il suffit dans la pratique ordinaire, on se servira de son rapport.

La superficie d'un cercle est égale au quart de son diamètre multipliée par la **circonférence**, ou au **quart** de la **circonférence multipliée** par le diamètre.

Le diamètre du cercle (*fig.* 21), étant **160**, pour trouver sa circonférence on fera cette analogie :

7 : 22 :: diam. AB = 160 : circ. ABCD = 502,857.

Multipliant 502,857 par le $\frac{1}{4}$ de AB = 40 ; le produit sera 20114,28 pour la superficie du cercle.

PROBLÊME VINGT-DEUXIÈME.

Connaissant la circonférence d'un cercle, trouver son diamètre.

La circonférence du cercle ABCD (*fig.* 22), est supposée être **509,14** ; pour avoir son diamètre CD, il n'y a qu'à renverser le rapport et faire cette analogie.

22 : 7 :: 509,14 : x = diamètre CD de **162**.

Ce diamètre étant connu, on aura la superficie en multipliant 509,14 par le $\frac{1}{4}$ CD = **40,5**, qui sera 20620,17.

PROBLÊME VINGT-TROISIÈME.

Mesurer la superficie d'un segment de cercle.

Il faut savoir que la circonférence de tout cercle en général est composée de 360 degrés. Pour avoir la superficie du segment de cercle ACB (*fig.* 23), il faut d'abord mesurer la surface entière du cercle, comme au problême précédent ; puis mesurer le nombre de degrés compris entre deux rayons AF et FB, et faire cette analogie : Si 360 degrés donnent toute la surface du cercle, combien le nombre de degrés compris entre deux rayons donneront-ils ?

Le quatrième terme sera la surface requise. Il faudra retrancher du quatrième terme la surface du triangle compris entre les deux rayons et la corde AB ; le reste sera la superficie du segment ACB.

7 : 22 :: diam. DE = 200 : circ. DCEH = 628,57.

Et pour avoir la surface du cercle, on fera :

Circ. DCEH = 628,57 × $^4/_4$ DE = 50 = 31428,50, surface du cercle.

Pour avoir la surface du segment, on fera cette autre analogie :

360^d : sup. 31428,50 :: 143 degrés : sup. segment = 12486,876

De cette surface, il faut en retrancher celle du triangle AFB, qui est de 3800

Reste pour la superficie du segment ACB . = 8686,876

PROBLÊME VINGT-QUATRIÈME.

Mesurer la superficie d'un secteur de cercle.

Soit le secteur ACBE (*fig. 24.*), proposé à mesurer.

On mesurera la surface du cercle, comme ci-dessus, puis on fera cette proportion : 360^d sont à la surface du cercle, comme 106 degrés 15 minutes du secteur sont à la surface de ce secteur.

7 : 22 :: AD = 154 : circ. ABDF = 484.

Pour avoir la surface, on fera :

AD = 154 × $^1/_4$ circ. ABDF 121 = 18634, surface du cercle.

3

Pour avoir la surface du secteur, on fera cette analogie :

$360^d : 18634 :: 106^d 15' ;$ surf. sect. AECB $= 5499,61.$

PROBLÈME VINGT-CINQUIÈME.

Trouver la circonférence et la superficie d'un cercle, lorsqu'on a qu'une portion de circonférence.

Soit ABC (*fig.* 25), la portion de circonférence donnée.

On prendra sur cette portion de circonférence un point à volonté, comme B ; puis du point B au point A on mènera la corde AB. Pareillement, du même point B on mènera la corde BC ; ensuite sur le milieu de chaque corde AB et BC, on élèvera les perpendiculaires ED et FD : le point d'intersection de ces deux perpendiculaires en D, sera le centre du cercle, et on aura les deux rayons ou demi-diamètres ED et FD ; en doublant un de ces rayons on aura le diamètre du cercle, ensuite la circon-férence et la superficie, comme il a été enseigné.

EXEMPLE ;

Rayon FD $= 126 \times 2 = 252,$ pour diam. du cercle.

Pour avoir la circonférence, on fera :

$7 : 22 :: 252 : x = 792,$ circonférence du cercle.

Et pour avoir la superficie . on fera :

$792 \times {}^4/_4$ diam. $= 63 = 49896,$ surface du cercle.

PROBLÈME VINGT-SIXIÈME.

Mesurer une figure dont plusieurs parties sont cir-culaires.

La figure 26 a un demi-cercle excentrique et un demi-cercle concentrique.

On commencera par mesurer la surface de ces deux demi-cercles, dont celui ABC sera à ajouter, et celui DEF à retrancher.

Puis la figure se trouvera comprise entre deux diamètres et trois côtés, qui formeront ensemble un pentagone irrégulier, qu'on mesurera.

On ajoutera au total la surface du demi-cercle ABC, et on en retranchera le demi-cercle DEF ; le reste sera la superficie de la figure.

Voici le type du calcul.

Demi-cercle ABC.

$7 : 22 ::$ diam. AC $= 270 :$ circ. $= 848,57.$

Circ. $848,57 \times \frac{1}{4}$ AC $= 67,50 =$ ci. . $57278,475$;

$$\frac{1}{2} = 28639,2375$$

Triangle AIC $=$ ci. 15180
Triangle CEH $=$ ci. 12488
Triangle DJE $=$ ci. 11500
Trapèze AIJD $=$ ci. 46800

$$114607,2375$$

Demi-cercle DEF à retrancher.

$7 : 22 ::$ diam. DE $= 250 :$ circ. $785,714.$

Circonf. $785,714 \times \frac{1}{4}$ DE $= 62,50 =$
$49107,1250$; $\frac{1}{2} = 24553,5625$, ci . . 24553,5625

$$90053,6750$$

Reste pour la superficie de la figure mixtiligne, en totalité, 90053,6750, qui équivaut à 900 ares 53 centiares 67 milliares, ou 9 hectares 00 ares 53 centiares 67 milliares.

DE LA MESURE
DES OBJETS INACCESSIBLES
ET EN PARTIES ACCESSIBLES.

Il arrive quelquefois, dans le cours d'une opération, qu'il se rencontre des objets qu'on ne peut
facilement franchir, surtout quand il se rencontre
sur le terrain un étang ou une rivière à traverser,
lorsqu'on est obligé d'élever ou d'abaisser des perpendiculaires à ces endroits ; on va donner le moyen
de surmonter ces difficultés sans le secours de la
trigonométrie

PROBLÊME VINGT-SEPTIÈME.

*Connaître la largeur d'une rivière ou d'un étang et
les longueurs des perpendiculaires, et ensuite la
superficie de la figure qui est traversée par la rivière ou l'étang (fig. 27).*

Pour mesurer cette figure, étant arrivé au point
L, où doit être élevée la perpendiculaire LB, la partie
LP de cette perpendiculaire est accessible jusqu'au
point P, et inaccessible de P jusqu'au point B.

Pour connaître la longueur totale de cette perpendiculaire, du point P on se retournera à angle droit sur
une longueur à volonté, comme jusqu'en R ; on partagera la ligne RP en deux parties égales au point Q.
De ce point R on se retournera à angle droit d'une
longueur indéterminée ; puis, par les points B et Q, on
prolongera cette ligne jusqu'à ce qu'elle rencontre
la ligne RS, au point S, qui sera l'intersection des deux
lignes BQS et RS.

A cause des deux triangles semblables BPQ et QRS,

le côté RS est égal au côté inaccessible BP ; BQ est égal à QS, et PQ est égal à QR.

En ajoutant RS = 140 à LP = 156, on aura 296 pour longueur de la perpendiculaire LB.

Pour avoir la perpendiculaire MC, dont une partie MT est accessible, et l'autre partie CT inaccessible : Pour avoir la longueur TC, on fera comme il vient d'être enseigné ; et à cause des triangles semblables CTU et UVX, le côté VX est égal au côté TC, CUaUX, et UTaUV. Or, en ajoutant XV = 118, à MT = 134, on aura 252 pour longueur de la perpendiculaire MC.

Pareillement, pour avoir ND, dont la partie NY est connue, on se conduira comme précédamment ; et à cause des triangles semblables DYZ et Zaa, le côté aa est égal au côté YD, DZaZa et ZaaZY. Donc, ajoutant aa = 230, à NY = 140, on aura ND = 370.

Maintenant que les perpendiculaires sont connues, le reste est facile, n'ayant plus d'obstacles à surmonter ; on calculera la figure comme il va suivre :

1°. Trapèze AILB = ci. 52200
2°. Trapèze BLMC = ci. 43840
3°. Trapèze CMND = ci. 21770
4°. Trapèze DNOE = ci. 45630
5°. Triangle JHG = ci. 1584

Somme . . . 165024

De cette somme il faut en retrancher les surfaces des triangles AIJ et FOE.

Triangle AIJ = ci. . . . . 1386 ⎫ 9686
Triangle FOE = ci. . . . . 8300 ⎭

Reste. 155338

qui équivaut à 15 hectares 53 ares 38 centiares.

3.

PROBLÊME VINGT-HUITIÈME.

Autre manière de mesurer une ligne inaccessible.

Dans un triangle rectangle, comme BAC (*fig.* 28), dont on connaît AC et CB, on veut connaître le troisième côté inaccessibles AB.

On carrera le côté BC et le côté AC, et du carré BC on en retranchera le carré de AC ; la racine carrée du restant sera la longueur du côté AB.

EXEMPLE :

$$\overline{BC}^2 = 80656$$
$$\overline{AC}^2 = 40000$$

Reste. . . $\overline{40656}^2 \,V = 201{,}62 = AB.$

Si en voulait avoir le côté BC, on carrerait le côté AB et le côté AC, et on les ajouterait ensemble ; la racine carrée de la somme serait la longueur BC.

Et si on voulait avoir le côté AC, on carrerait BC et AB ; du carré de BC on en retrancherait le carré AB ; la racine carrée du reste serait la longueur de AC.

Ce problême est fondé sur le carré de l'hypothénuse, qui est que, si sur les trois côtés d'un triangle rectangle, on construit trois carrés, trois cercles, etc., celui qui occupera l'hypothénuse vaudra la somme des deux autres côtés (Voyez la démonstration de ce problême dans le *Traité de Géométrie* de l'auteur).

PROBLÊME VINGT-NEUVIÈME.

Mesurer une section d'un territoire.

Étant arrivé sur le terrain, on prendra l'ouverture des angles de toutes les sinuosités de la section, tant saillants que rantrants ; puis on se transportera dans l'intérieur de la figure, et on prendra de même l'ouverture des angles de chaque quadrilatère, comme il est marqué en la fig. 29, aux angles C et D.

Ensuite on procèdera successivement à la mesure du parcellaire de chaque quadrilatère, en commençant, par exemple, par le quadrilatère ABDG. On se transportera au point A, puis on mesurera séparément les extrémités des parcelles qui se trouvent aboutir sur le côté BA, on marquera exactement sur son croqui ou brouillon, le plus correctement possible, toutes les largeurs de chaque pièce, en commençant au point A, par le n°. 1ᵉʳ, que l'on cotera 32 mètres ; puis au n°. 2, que l'on cotera aussi 32 ; au n°. 3, que l'on cotera 30, et ainsi de suite, et successivement jusqu'au point B.

Arrivé au point B, on mesurera de nouveau le côté BA d'une seule station ; puis on comparera cette longueur avec celles des parcelles réunies ensemble, pour connaître si on n'a pas fait d'erreur dans le parcellaire ; car s'il y avait erreur, on serait à même d'en faire la correction de suite. On fera cette même vérification sur tous les côtés de chaque quadrilatère, afin d'être sur de son opération.

Du point B on s'en retournera sur le côté BD ; on prendra en passant les parcelles BC d'un des côtés du quadrilatère BJIC. Arrivé en C on prendra la longueur du côté de la parcelle n°. 6, qui servira également au n°. 5 ; on reviendra au point C, et on mesurera les deux parcelles en C et D.

Du point D on retournera sur le côté DG ; on mesurera le côté de la parcelle n°. 7. Arrivé au n°. 4, on prendra la largeur de la parcelle n°ˢ. 7 et 6 ; on continuera sa ligne jusqu'au point G. Cette ligne DG, étant vérifiée, elle servira pour un côté du quadrilatère GDEF, et du même point G on mesurera la ligne GA, et les opérations du terrain pour le quadrilatère ABDG seront terminées.

Delà on passera au quadrilatère GDEF. On a déjà le côté GD. Du point G on se dirigera sur la ligne GF; on prendra les parcelles des nᵒˢ. 8 jusqu'au nᵒ. 15, en passant. Du point F on mesurera le côté FE; de ce point F on mesurera parcellairement le côté ED, et les opérations du quadrilatère GDEF seront terminées.

Ensuite on passera au quadrilatère CIHE (le côté CE se trouve levé par les opérations précédentes). Du point C, en allant vers L, on prendra les parcelles des nᵒˢ. 16 jusques et y compris 19. Arrivé au nᵒ. 28, on prendra les largeurs des nᵒˢ. 28, 27 et 26; delà on contournera l'angle rentrant du bois, nᵒ. 20, en prenant les parcelles de ce rayage; on reviendra au nᵒ. 28, et on mesurera jusqu'au point I.

Du point I, en allant vers H, on prendra la largeur des parcelles nᵒˢ. 28, 27 et 26; de ce point on mesurera le côté du nᵒ. 25, on prendra la largeur des parcelles nᵒˢ. 25 et 24, tenant au bois; on reviendra à son point, et on prendra les mêmes parcelles en largeur, en allant vers H.

Arrivé au nᵒ. 23, on prendra la largeur de cette parcelle jusqu'au bois; on reviendra à son point, et on continuera sa ligne jusqu'au point H.

De ce point H, en allant vers E, on mesurera la largeur des parcelles nᵒˢ. 23, 22 et 21, jusqu'au bois; de ce point, on prendra, en suivant le bois, les parcelles 21 et 22; on reviendra à l'angle du bois, et on continuera jusqu'au point E.

Le bois nᵒ. 20, se trouve naturellement levé par la circonscription des figures ou parcelles qui l'entourent; alors les opérations du quadrilatère CIHE se trouvent terminées.

Enfin, pour le quadrilatère BJIC, les côtés IC et

CB se trouvent levés, au moyen des quadrilatères CJHE et ABDG.

On reviendra au point I ; de ce point, en allant vers J, on mesurera la largeur des parcelles n°s. 29, 30 et 31. Arrivé au n°. 36, on mesurera le côté de cette parcelle jusqu'au n°. 35 ; on reviendra à son point, et on continuera le parcellaire jusqu'au point J.

Du point J, en allant vers B, on mesurera le côté du n°. 39 ; arrivé au n°. 35, on prendra la largeur des n°s. 39, 38, 37 et 36 ; on reviendra à son point, et on continuera le parcellaire jusqu'au point B, et les opérations du quadrilatère BJIC seront terminées, ainsi que celles de la section, quant à la levée du terrain.

S'il arrivait que la section soit plus grande du double ou du triple, et les rayages plus multipliés, on suivrait toujours le même procédé, à l'exception que s'il se trouvait des points ou des lignes inaccessibles, il faudrait employer le secours de la trigonométrie ; c'est ce qu'on démontrera dans la suite en son lieu.

Maintenant, les opérations du terrain étant terminées, on reviendra au cabinet, où on fera le rapport exact de ses opérations, avec l'échelle et le compas, comme il sera enseigné ci-après, à l'article du rapport des figures. Ce rapport étant fait, on mesurera chaque parcelle sur le papier, au moyen de l'échelle et du compas, comme il va être enseigné.

Soient les trois parcelles ABGH, BCFG et CDEF (*fig.* 30).

On mesurera donc chaque parcelle sur le papier, à l'aide d'une règle et d'un crayon fin ; on mènera des diagonales d'angle à angle, comme AG, BF et CE, sur chacune des diagonales, d'une extrémité seulement ; on élèvera aux angles opposés des perpendiculaires indéfinies, comme IO, JP et KQ.

Ceci étant fait, on posera une pointe du compas au
point B, et avec l'autre pointe on décrira un arc de
cercle qui touchera la diagonale AG au point L ; puis,
sans ouvrir ni fermer le compas, on portera cette
ouverture du point H vers le point O, jusqu'à concurrence de l'ouverture ; ensuite ouvrant une branche
jusqu'au point I, on aura la longueur des deux perpendiculaires ensemble, qu'on multipliera par la longueur de la diagonale ; la moitié du produit sera la
surface de cette parcelle.

On fera de même pour chaque parcelle, et tous les
produits partiels ajoutés ensemble formeront le produit total de chaque quadrilatère.

Voici le tableau de ce calcul :

DIAGONALES ET PERPENDICULAIRES A MULTIPLIER L'UNE PAR L'AUTRE.	PRODUITS	MOITIÉ des PRODUITS
1°. AG = 360 × OH + HI = 100 =	36000	18000
2°. BF = 350 × FG + GI = 90 =	31500	15750
3°. CE = 360 × QF + FK = 114 =	41040	20520
Totaux. . . .	108540	54270

PROBLÊME TRENTIÈME.

Mesurer une section de terrain d'une grande étendue
(*fig.* 31).

On choisira, dans l'intérieur de cette section, deux
points principaux sur le lieu le plus élevé et le plus
horizontal possible, desquels on pourra apercevoir
tous les angles qui circonscrivent cette section ; on
fera placer à chaque angle un guidon que l'on pourra

apercevoir de ces deux points. Ces deux points servi-
ront de station pour ouvrir les angles de chaque si-
nuosité ; par exemple, ces deux points sont A et B.

Du point A, se dirigeant sur la base AB, on ouvrira les angles C, D, E, F, G, I et H ; cette opération stationnaire étant terminée, on mesurera exactement la base AB.

Du point B on fera la même opération, en se dirigeant sur la même base BA ; on ouvrira également
ment les angles H, I, K, C; D, E, F et G.

Ces ouvertures d'angles formeront les triangles
ACB, ADB, AEB, AFB, AGB, ABK, AIB et AHB,
que l'on mesurera trigonométriquement de la manière suivante, au cabinet, après avoir fait le rapport de la figure, comme il sera enseigné ci-après :

1°. CALCUL DU TRIANGLE ACB.

Sinus C = 62^d ; base AB = 4910 :: Sinus A = 109^d
44' ou 70^d 15' : CB.

$$9.945935 \quad : \quad 3.691081 \quad :: \quad 9.973716$$
$$3.691081$$

$$\overline{\hspace{3cm}}$$
$$13.664797$$
$$9.945935$$

Coté CB = 5234. . . . . . $\overline{3.718862}$

2°. CALCUL DU TRIANGLE ADB.

Sinus D = 46^d 35' : base AB = 4910 :: sinus A =
90^d 44' ou 89^d 16' : DB.

9.861161 :	3.691081	::	9.999964
Sinus B = 42^d 41'. .	9.831195		3.691081
	13.522276		13.691045
	9.861161		9.861161
Coté DA = 4582,			
et coté DB = 6759 . .	3.661115		3.829884

3°. Calcul du Triangle AEB.

Sinus E = 61ᵈ 14' : base AB = 4910 :: Sinus A =
61ᵈ 9' : EB.

9.942795	: 3.691081	::	9.942448
Sinus B=57ᵈ 37' 9·926591			3.691081

13.617672	13.633529
9.942795	9.942795

Coté EA=4730 3.674877　　　　3.690734 EB=4906 B

4°. Calcul du Triangle AFB.

Sinus F = 56ᵈ 38' : base AB = 4910 :: sinus A =
58ᵈ 17' : FB.

9.921774	: 3.691081	::	9,929755
Sinus B = 65ᵈ 5' = 9.957570			3.691081

13.648651	13.620836
9.921774	9.921774

Coté FA=5332 . 3.726877　　　　3.699062, FB=5001 f

5°. Calcul du Triangle AGB.

Sinus G = 42ᵈ 5' : base AB = 4910 :: sinus B =
103ᵈ 20', ou 76ᵈ 40' : GA.

9.826212	: 3.691081	::	9.988133
			3.691091

13.679214
9.826212

3.853002, GA = 7129 P

6°. Calcul Triangle ABK.

Sinus K = 50ᵈ 30' : base AB = 4910 :: sinus A = 108ᵈ 55' ou 71ᵈ 5' : BK.

$$9.887406 \quad : \quad 3.691081 \quad :: \quad 9.975887$$
$$3.691081$$

$$\overline{13.666968}$$
$$9.887406$$

$$\overline{3.779562}, \ BK = 6019$$

7°. Calcul du Triangle AIB.

Sinus I = 80ᵈ : base AB = 4910 :: sinus A = 61ᵈ 45' : IB.

Sinus B = 38ᵈ 15'.

9.993351	:	3.691081	::	9.944922
9.791757				3.691081

$$\overline{13.482838} \qquad \overline{13.636003}$$
$$9.993351 \qquad 9.993351$$

Côté AI = 3086 . 3.489487   3.642652, IB = 4392

8°. Calcul du Triangle AHB.

Sinus H = 61ᵈ 50' : base AB = 4910 :: sinus B = 85ᵈ 40' : HA.

$$9.945261 \quad : \quad 3.691081 \quad :: \quad sinus \ 9.998757$$
$$3.691081$$

$$\overline{13.689838}$$
$$9.945261$$

Côté HA = 5553 = 3.744577

Les opérations du cabinet et le rapport du canevas étant terminés, on retournera sur le terrain ; on fera planter plusieurs piquets dans la direction des

4

principales lignes de triangulation, pour s'en servir comme points de rattachements dans les opérations du parcellaire, pour s'assurer si, en procédant, on ne s'éloigne ou on ne se rapproche trop de ces lignes; cela servira de vérification au travail.

Après cela, on mesurera avec le décamètre tout le périmètre ou le contour de la section, en s'arrêtant à chaque angle, soit saillant ou rentrant du périmètre; ce qui servira de nouvelle vérification pour le parcellaire.

Cette opération étant terminée, on procèdera partiellement aux opérations du parcellaire, tel qu'il a été enseigné au problème 29. Au fur et à mesure qu'on aura levé une partie ou deux du parcellaire, on les rapportera sur son canevas, qu'on aura dressé à cet effet, et on verra si on se rapporte aux lignes de triangulation.

Le parcellaire étant terminé, et le canevas rempli, on effacera, avec de la gomme élastique, toutes les lignes qui auront été faites au crayon, afin de rendre son opération claire et nette; et le tout sera terminé.

PROBLÊME TRENTE-ET-UNIÈME.

Lever le plan d'un bois, par l'ouverture des angles.

On prolongera chaque côté des angles saillants, et on prendra les ouvertures des angles de complément, ne pouvant prendre les angles naturels, à cause que les côtés sont interceptés par le bois. Pour avoir l'ouverture de ces angles avec précision, on placera des jallons aux principales sinuosités, un peu en arrière de chaque angles, afin d'avoir des lignes directes.

On mesurera le périmètre du bois suivant les angles; et, arrivé à chaque angle, on en prendra l'ouverture, et ainsi de suite jusqu'au dernier angle. En mesurant les côtés, on élèvera des perpendiculaires sur ces côtés, aux sinuosités les moins apparentes, pour avoir la figure régulière du bois, et au calcul on déduira ces vides, et le restant sera la superficie du bois.

Par exemple, en commençant par l'angle C (*fig.* 32), on prolongera le côté DC, et se dirigeant sur CB, on prendra l'ouverture de l'angle, qui sera 100^d 45'; puis on mesurera CB jusqu'au point I, qu'on trouvera être 64; de ce point on élèvera la perpendiculaire IL, qui sera 30; on reviendra au point I, et on mesurera jusqu'au point J : IJ sera trouvé être 32. Au point J, on élèvera la perpendiculaire JK, qu'on trouvera être de 20; ensuite on mesurera jusqu'au point B la distance JB, qui sera 100; réunissant ces trois sommes, on aura 196 pour le côté CB.

Arrivé au point B, on prendra l'ouverture de l'angle rentrant B, qu'on trouvera être de 116^d 55'; puis on mesurera le côté BA. Arrivé au point M, on élèvera la perpendiculaire MN, qui sera 30; on reviendra au point M, et on mesurera jusqu'au point A; en réunissant ces deux sommes, on aura 166 pour le côté BA.

On prolongera la ligne BA indéfiniment, et on prendra le complément de l'angle A, dont l'ouverture sera 98^d 5'; puis on mesurera le côté AH, qu'on trouvera être de 154.

On prolongera le côté AH indéfiniment, et on prendra le complément de l'angle H, qui sera 19^d 52'; on mesurera le côté AH, qu'on trouvera être de 202.

Arrivé au point G, on fera la même opération, et on suivra successivement le même procédé, jusqu'à ce qu'on soit arrivé au point C; et les opérations se trouveront terminées.

On se retirera au cabinet, et on fera le rapport de son opération comme il sera enseigné au rapport des figures ; puis on calculera la superficie de ce bois sur le plan rapporté ; et l'opération sera entièrement terminée.

PROBLÊME TRENTE-DEUXIÈME.

Lever le cours d'une rivière par l'ouverture des angles.

Soit la rivière (*fig.* 33), dont il s'agit de lever le cours.

On placera des jalons aux sinuosités les plus apparentes, comme A , B , C , D , E et F ; on s'écartera un peu de ces sinuosités , afin de les rendre régulières et à cause des angles émoussés que présentent ces sinuosités , on mesurera le côté AB , qu'on trouvera être de 100. Arrivé au point B , on mesurera l'angle B , qu'on trouvera être de 177^d ; on mesurera ensuite le côté BC , sur lequel on élèvera des perpendiculaires aux sinuosités intermédiaires les moins apparentes ; la longueur de ce côté sera 98. Arrivé au point C , on mesurera l'angle rentrant C , qu'on trouvera être de 99 degrés.

Ensuite on mesurera le côté CD , et sur ce côté on élèvera les perpendiculaires nécessaires aux sinuosités intermédiaires ; arrivé au point D , on prendra l'ouverture de l'angle saillant D , qu'on trouvera être de 86^d 30'.

Du point D on mesurera la ligne DE , en observant toujours d'élever les perpendiculaires nécessaires aux points intermédiaires. Arrivé au point E , on prendra l'ouverture de l'angle rentrant E , qui sera de 92^d 10' ; on mesurera la ligne EF de la même manière , et les opérations du terrain seront terminées. On se retirera au cabinet , et on fera le rapport de la figure.

PROBLÊME TRENTE-TROISIÈME.

D'un point A donné, mener à travers d'un bois une voie à un autre point donné, B, lorsque de A on ne peut apercevoir B.

On s'écartera dans la plaine à une distance à volonté, comme au point C, de manière que de ce point on puisse apercevoir les points A et B : on choisira pour cela un terrain le plus horizontal possible ; on prendra l'ouverture de l'angle C, entre AC et BC, qu'on trouvera être de 31ᵈ 20'.

On mesurera ensuite le côté AC, qu'on trouvera être de 3910, et le côté BC, qui sera 3110. On ajoutera ces deux côtés ensemble, on aura pour somme 7020, qui sera le premier terme d'une analogie.

Ensuite on retranchera le côté BC = 3110 du côté AC = 3910 ; on aura pour reste ou différence, 800, qui sera **le** second terme.

Puis on retranchera l'angle C = 31ᵈ 20' de 180ᵈ ; on aura pour reste 148ᵈ 40' ; on en prendra la moitié = 74ᵈ 20', dont on prendra la tangente pour troisième terme, et on fera cette analogie :

AC = 3910 + BC = 3110 = 7020 : AC = 3910 — BC = 3110 = 800 :: tangente 74ᵈ 20' : tangente de la demi-différence.

On en simplifiant, 7020 : 800 :: tangente 74ᵈ 20' : tangente x =

$$3.846337 \quad : \quad 2.903090 \quad :: \quad 9.983558$$
$$2.903090$$
$$\overline{}$$
$$12.886648$$
$$3.846377$$
$$\overline{}$$
$$9.040271 = 6^d \ 16'$$

4.

Maintenant, pour avoir les angles B et A, on écrira deux fois de suite parallèlement 74^d 20', d'un côté on ajoutera 6^d 16', et de l'autre côté on retranchera 6^d 16', comme on le voit ci-dessous.

74^d 20'	74^d 20'
6^d 16'	6^d 16'
Angle B . . 80^d 36'	68^d 4' angle A.

Les angles A et B étant connus, on se transportera au point B; on se dirigera sur la ligne BC, et de cette direction, on ouvrira un angle de 80^d 36', on sera dans la direction de AB.

Pareillement, en se transportant au point A, se dirigeant sur AC, on ouvrirait un angle de 68^d 4', on tomberait dans la même direction de AB.

D'après ces ouvertures d'angles, on n'aura qu'à placer des jalons dans la direction de AB, et commettre des ouvriers pour faire ouvrir cette voie, et du point A on découvrira le point B.

Si on veut avoir la longueur du côté AB, on fera cette autre analogie :

Sinus B = 80^d 36' : AC = 3910 :: sinus C = 31^d 20' : AB = 2313.

$$9.944129 \quad : \quad 3.592177 \quad :: \quad 9.716017$$
$$3.592177$$
$$\overline{}$$
$$13.308194$$
$$9.944129$$
$$\overline{}$$
$$3.364065$$

Le côté AB sera 2313.

DU RAPPORT DES FIGURES.

PROBLÊME TRENTE-QUATRIÈME.

(Figures 35 et 36).

Le rapport des figures est le rapport exact des opérations levées sur le terrain, que l'on rapporte au cabinet avec l'échelle et le compas. On aura soin de commencer son rapport par l'endroit où on a commencé son opération sur le terrain ; on tracera les premières lignes de son esquisse ou canevas au crayon, afin que si l'on commet quelques erreurs en rapportant, on soit à même de faire disparaître ces erreurs au moyen de la gomme élastique, qui, en la frottant sur le papier enlève toutes les traces du crayon. On va donner la manière de commencer ce rapport.

Soit la figure 35 ABCDEFGHI, qui a été levée sur le terrain, et dont il est question d'en faire le rapport. Il est aisé de remarquer que l'on a commencé cette opération par l'établissement de la base AB, et que du point A, de station, on a ouvert des angles à toutes les sinuosités de la figure ; que de l'autre point de station B, on a pareillement ouvert des angles aussi à toutes les sinuosités ou angles de cette figure, et qu'ensuite on a mesuré partiellement le périmètre de la figure, et que delà on a passé à la levée du parcellaire.

En conséquence, pour en faire le rapport, on tracera sur son papier la base ab, qui aura la même proportion que la base AB de la figure levée sur la terrain ; cette base a 2660 mètres de longueur ; on prendra, sur son échelle, le pareil nombre de mètres,

et on portera cette ouverture de compas sur la base
a b, qu'on a tracé sur son papier.

Ensuite, du point a, qui est une des extrémités de
la base, on ouvrira les angles h, g, b, f, e et d,
du même nombre de degrés et minutes que ceux levés
sur le terrain ; puis du point b on fera les mêmes
ouvertures aux angles i, h, g, c, d, e et f, aussi du
même nombre de degrés et minutes que ceux levés.
On prendra ensuite sur l'échelle, avec le compas,
les longueurs des lignes **AH**, **AG**, **AF**, **AE** et **AD**,
que l'on portera sur les lignes a h, a g, a f, a e, et
a d, de son rapport ; ensuite on prendra de même **les**
longueurs des lignes **BH**, **BI**, **BC**, **BD**, **BF** et **BE**, que
l'on portera également] sur les lignes b b, b i, b c,
b d, b f et b e, de son rapport (*fig.* 36).

Par tous ces points on fermera le périmètre de
sa figure, puis on passera au rapport du parcellaire,
que l'on rapportera dans l'intérieur de la figure, tel
qu'on le voit représenté sur le plan de la levée du
terrain ; cela fait, on aura la figure 36 pareille à la
figure 35.

Il faut prendre grand soin de rapporter avec exactitude l'ouverture des angles et la longueur des lignes,
car si on négligeait la moindre chose, la figure ne se
fermerait pas bien. L'essentiel est d'avoir une échelle
juste et bien divisée, et un compas qui ait les pointes
fines ; parce que si l'échelle était mal divisée, et que
le compas ait ses pointes émoussées, on ne réussirait
pas bien dans son rapport.

Il y a des rapports de figures qui sont bien plus
simples, tel que celui dont on va donner un exemple.

PROBLÊME TRENTE-CINQUIÈME.

Du simple rapport d'une figure.

Pour rapporter la figure 37, on commencera par la ligne GC, que l'on tracera sur son rapport, g c ; on mesurera la longueur CI, que l'on portera c i. Du point i, on élèvera la perpendiculaire i b, sur laquelle on fera la division parcellaire comme sur la ligne IB du plan de levée du terrain ; ensuite on marquera la distance i h, et du point h, on élèvera la perpendiculaire h e ; puis on mesurera la distance h g, et au point g, on mènera à angle droit g f et g a ; on fera la division du parcellaire comme sur la ligne GA, du plan de levée du terrain ; on fermera sa figure, et on aura le plan de rapport a b c d e f g h i semblable à la levée du terrain A B C D E F G H I.

Comme il est nécessaire à un arpenteur de connaître le rapport de différentes mesures agraires qui existent dans les communes, et dont il y a une infinité de variations pour la longueur linéaire de la chaîne qui était autrefois en usage. On va donner le tableau de réduction de ces différentes mesures, d'anciennes en nouvelles, et de nouvelles en anciennes.

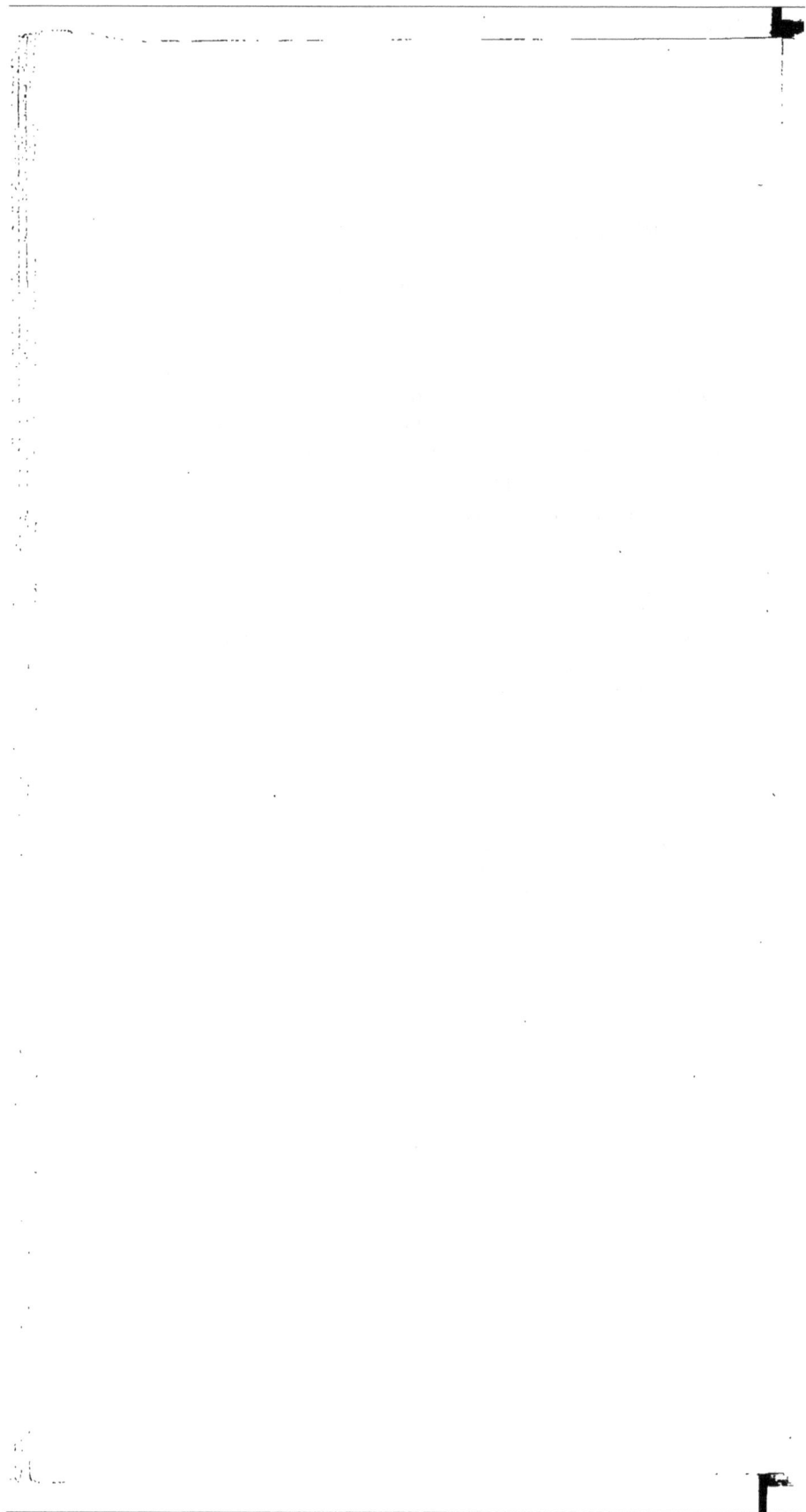

TABLEAUX

DE RÉDUCTION ET DE CONVERSION

des nouvelles mesures agraires en anciennes,

ET RÉCIPROQUEMENT DES ANCIENNES EN NOUVELLES,

EN USAGE

Dans les Départements de la Somme, de l'Oise, de l'Aisne, de la Seine-Inférieure, du Pas-de-Calais, des environs de Paris et autres lieux du royaume.

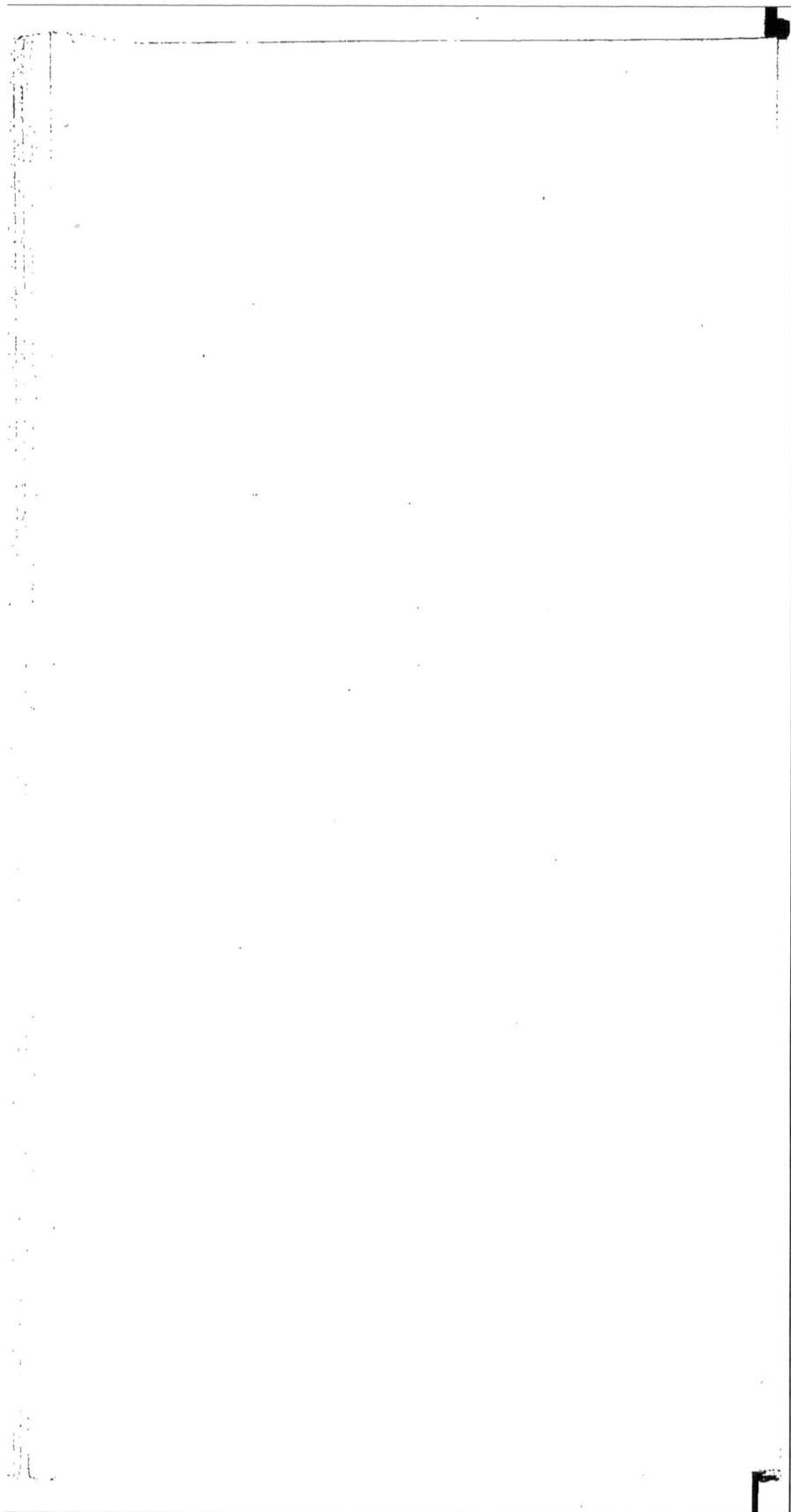

N°. 1er.

Conversion d'Ares en Verges et de Verges en Ares, pour la mesure du ci-devant Bailliage d'Amiens, de 20 pieds-de-roi pour longueur de la chaîne, ou 240 pouces, en usage dans presque tous les cantons de l'arrondissement d'Amiens et d'Abbeville.

ARES.	VERGES et décim. de la verge.		VERGES.	ARES et décimales de l'are.	
1	2	36925	1	0	42207
2	4	73850	2	0	84414
3	7	10775	3	1	26621
4	9	47700	4	1	68828
5	11	84625	5	2	11035
6	14	21550	6	2	53242
7	16	58475	7	2	95449
8	18	95400	8	3	37656
9	21	32325	9	3	79863
10	23	69250	10	4	22070
20	47	38500	20	8	44140
30	71	07750	30	12	66210
40	94	77000	40	16	88280
50	118	46250	50	21	10350
60	142	15500	60	25	32420
70	165	84750	70	29	54490
80	189	54000	80	33	76560
90	213	23250	90	37	98630
100	236	92500	100	42	22700

Cette mesure était en usage pour Amiens et ses banlieues, Sains et tout le canton de ce nom ; Oresmaux, Nampty, Plachy, Prouzel, Fossemanant, Bacouel, Taisnil, Rumaisnil, et Tilloy-lès-Conty en partie, du canton de Conty ; la majeure partie du canton de Molliens-Vidame, et une partie du canton de Picquigny.

5

N. 2.

Conversion de Verges en Ares et d'Ares en Verges, pour la mesure du ci-devant Évêché d'Amiens, de 20 pieds 4 lignes pour longueur de la chaîne, en usage dans les arrondissements d'Amiens, de Péronne, de Montdidier, et d'Abbeville en partie, et dans les départements de l'Aisne et de l'Oise.

ARES.	VERGES et décim. de la verge.		VERGES.	ARES et décimales de l'are.	
1	2	195	1	0	455
2	4	390	2	0	910
3	6	585	3	1	365
4	8	780	4	1	820
5	10	975	5	2	275
6	13	170	6	2	730
7	15	365	7	3	185
8	17	560	8	3	640
9	19	755	9	4	095
10	21	950	10	4	550
20	43	900	20	9	100
30	65	850	30	13	650
40	87	800	40	18	200
50	109	750	50	22	750
60	131	700	60	27	300
70	153	650	70	31	850
80	175	600	80	36	400
90	197	550	90	40	950
100	219	500	100	45	500

Cette mesure était en usage à Picquigny et dans la majeure partie du canton ; à Conty, Monsures, Belleuse en partie, Tilloy en partie, Essertaux, Lœuilly, Wailly, Neuville, Namps-au-Mont, Namps-au-Val, Fleury, Fresmontiers et Vellennes, du canton de Conty ; Ailly-sur-Noye, Rogy, Fransures, Lawarde-Maugé, Hallivillez, La Faloise, Flers Jumelles, Bernis, Saulchoy-Épagny, et Lhortoy, du canton d'Ailly-sur-Noye.

N°. 3.

Conversion d'Ares en Verges et de Verges en Ares, pour la mesure dite de Clermont, de 21 pieds 4 pouces, ou 256 pouces pour longueur de la chaîne, et 100 verges pour arpent, en usage dans le canton de Conty, dans les départements de la Somme et de l'Oise.

ARES.	VERGES et décim. de la verge.		VERGES.	ARES et décimales de l'are.	
1	2	0823	1	0	4802
2	4	1646	2	0	9604
3	6	2469	3	1	4406
4	8	3292	4	1	9298
5	10	4115	5	2	4010
6	12	4938	6	2	8812
7	14	5741	7	3	3614
8	16	6584	8	3	8416
9	18	7407	9	4	3218
10	20	8230	10	4	8020
20	41	6460	20	9	6040
30	62	4690	30	14	4060
40	83	2929	40	19	2080
50	104	1150	50	24	0100
60	124	9180	60	28	8120
70	145	7610	70	33	6140
80	166	5840	90	38	4160
90	187	4070	0	43	2180
100	208	2300	100	48	0200

Cette mesure est en usage à Conty, Bosquel, Belleuse en partie, Tilloy en partie, Monsures, pour le fief d'Argeulieu, du canton de Conty ; Chiremont, Coullemelle, Folleville, Grivesnes et Sourdon, du canton d'Ailly-sur-Noye ; Ansauvillers-en-Chaussée, Bouvillez-la-Hérelle, Rouvroy-lès-Merles, et Tartigny, Chepoix et Bacouel, du canton de Breteuil, Brunvillez-la-Motte, Gannes, Campremy, Plainval et Quincampoix, du canton de Saint-Just-en-Chaussée ; Aubvillez, du canton de Moreuil ; Maury-Maucreux, du canton de Breteuil.

N°. 4.

Conversion d'Ares en Verges et de Verges en Ares, pour la mesure de 18 pieds 12 pouces pour verges, et 100 verges pour arpent, en usage dens les environs de Paris, dans les départements de la Somme, de l'Oise et de l'Aisne.

ARES.	VERGES et décim. de la verge.		VERGES.	ARES et décimales de l'arc.	
1	2	925	1	0	3419
2	5	850	2	0	6838
3	8	775	3	1	0257
4	11	700	4	1	3676
5	14	625	5	1	7095
6	17	530	6	2	0514
7	20	475	7	2	3933
8	23	400	8	2	7352
9	26	325	9	3	0771
10	29	250	10	3	4188
20	58	500	20	6	8376
30	87	750	30	10	2564
40	117	000	40	13	6752
50	146	250	50	17	0940
60	175	300	60	20	5128
70	204	750	70	23	9316
80	234	000	80	27	3504
90	263	250	90	30	7692
100	292	500	100	34	1885

N°. 5.

Conversion d'Ares en Verges et de Verges en Ares, de la mesure de 20 pieds 2 pouces (pieds de 12 pouces , 100 verges pour arpent), en usage dans l'arrondissement de Montdidier, et en partie dans les départements de la Somme , de l'Oise et de l'Aisne.

ARES.	VERGES et décim. de la verge.		VERGES.	ARES. et décimales de l'are.	
1	2	331	1	0	429
2	4	662	2	0	858
3	6	993	3	1	287
4	9	324	4	1	716
5	11	655	5	2	145
6	13	986	6	2	574
7	16	317	7	3	003
8	18	648	8	3	432
9	20	979	9	3	861
10	23	310	10	4	290
20	46	620	20	8	580
30	69	930	30	12	870
40	93	240	40	17	160
50	116	550	50	21	450
60	139	860	60	25	740
70	163	170	70	30	030
80	186	480	80	34	320
90	209	790	90	38	610
100	233	100	100	42	900

Cette mesure est en usage à Montdidier, Ainval, Arvillers, Ayancourt-le-Monchel, Assainvillers, Becquigny, Boiteau, La Boissière, Boulogne, Bouillancourt, Cautigny, Davenescourt, Ételfay, Faverolles, Fignières, Fretoy, Gratibus, Guerbigny, Hargicourt, Lignières, Malpart, Ouvillez, Maresmontiers, Mesnil-Saint-Georges, Piennes, Le Ployrou, Rubescourt, Rollot, Tronquoy et Vaux, du canton de Montdidier; Braches, Hangest, La Neuville-Sire-Bernard, Plessier-Rozainvillers, Pierrepont, Contoire, du canton de Moreuil; Abbemont, Coivrel, Crevecœur-le-Petit, Domelliens, Dompierre, Domfront, Ferrières, Godinvillez, Maignelai, Mougerin, Morauvillers, Sains, Royaucourt et Tricot, du canton de Maignelai; Thory, du canton d'Ailly-sur-Noye. **5.**

N°. 6.

Conversion d'Ares en Verges et de Verges en Ares, pour la mesure de 21 pieds 6 pouces 6 lignes (pieds de 12 pouces, 100 verges pour arpent), en usage dans les cantons de Conty, Grandvilliers et Poix, et en partie dans les départements de l'Oise et de la Seine-Inférieure.

ARES.	VERGES et décim. de la verge.		VERGES.	ARES et décimales de l'are.	
1	2	0422	1	0	4897
2	4	0844	2	0	9794
3	6	1266	3	1	4691
4	8	1688	4	1	9588
5	10	2110	5	2	4485
6	12	2432	6	2	9382
7	14	2854	7	3	4279
8	16	3276	8	3	9176
9	18	3698	9	4	4073
10	20	4222	10	4	8970
20	40	8440	20	9	7940
30	61	2660	30	14	6910
40	81	6880	40	19	5880
50	102	1100	50	24	4850
60	122	4320	60	29	3820
70	142	8540	70	34	2790
80	163	2760	80	39	1760
90	183	6980	90	44	0730
100	204	2200	100	48	9700

Cette mesure était en usage à Thoix, Courcelles-sur-Thoix, Brassy et Sentelie, du canton de Conty, et dans une partie du canton de Poix, d'Hornoy, et de Grandvilliers (Oise).

N°. 7.

Conversion d'Ares en Verges et de Verges en Ares,
pour la mesure de 24 pieds (de 10 pouces 8 lignes
pour pieds), ou 248 pouces, 100 verges pour arpent,
en usage dans le canton de Roye et une partie des
départements de l'Oise et de l'Aisne.

ARES.	VERGES et décim. de la verge.		VERGES.	ARES et décimales de l'are.	
1	2	225	1	0	449
2	4	450	2	0	898
3	6	675	3	1	347
4	8	900	4	1	796
5	11	125	5	2	245
6	13	350	6	2	694
7	15	575	7	3	143
8	17	800	8	3	592
9	20	025	9	4	041
10	22	250	10	4	490
20	44	500	20	8	980
30	66	750	30	13	470
40	89	000	40	17	960
50	111	250	50	22	450
60	133	500	60	26	940
70	155	750	70	31	430
80	178	000	80	35	920
90	200	250	90	40	410
100	222	500	100	44	900

N°. 8.

Conversion d'Ares en Verges et de Verges en Ares,
pour l'arpent d'ordonnance, de 24 pieds à 11 pou-
ces, ou 22 pieds à 12 pouces, en usage dans les
départements de la Somme, de l'Oise, de l'Aisne,
et presque généralement dans toute la France.

ARES.	VERGES et décim. de la verge.		VERGES.	ARES et décimales de l'arc	
1	1	958	1	0	5107
2	3	916	2	1	0214
3	5	874	3	1	5321
4	7	832	4	2	0428
5	9	790	5	2	5535
6	11	748	6	3	0642
7	13	706	7	3	5749
8	15	664	8	4	0856
9	17	622	9	4	5963
10	19	580	10	5	1070
20	39	160	20	10	2140
30	58	740	30	15	3210
40	78	320	40	20	4280
50	97	900	50	25	5350
60	117	480	60	30	6420
70	137	060	70	35	7490
80	156	640	80	40	8560
90	176	220	90	45	9630
100	195	800	100	51	0700

N°. 9.

Conversion d'Ares en Verges et de Verges en Ares, pour la mesure de 10 pouces 8 lignes (22 pieds pour verges , 100 verges pour arpent), en usage dans l'arrondissement de Montdidier et dans une partie du département de l'Oise.

ARES.	VERGES et décim. de la verge.		VERGES.	ARES et décimales de l'are.	
1	2	479	1	0	403
2	4	958	2	0	806
3	7	437	3	1	209
4	9	916	4	1	612
5	12	395	5	2	015
6	14	874	6	2	418
7	17	353	7	2	821
8	19	823	8	3	224
9	21	311	9	3	627
10	23	790	10	4	030
20	49	580	20	8	060
30	74	370	30	12	090
40	99	160	40	16	120
50	123	950	50	20	150
60	147	740	60	24	180
70	171	530	70	28	210
80	198	320	80	32	240
90	222	110	90	36	270
100	247	900	100	40	300

Cette mesure était en usage au Cardonnoy, Fontaines-sous-Montdidier et Framicourt , du canton de Montdidier ; Éclainvillers , Quiry-le-Sec et Villers-Tournelles , du canton d'Ailly-sur-Noye ; Broyes , Seresvillers , Mesnil-Saint-Firmin , Plainville et Rocquencourt , du canton de Breteuil.

N°. 10.

Conversion d'Ares en Verges et de Verges en Ares,
pour l'Arpent de 100 verges (la verge l'inéaire de
24 pieds de 12 pouces), en usage à Sommereux.

ARES.	VERGES et décim. de la verge		VERGES.	ARES et décimales de l'are.	
1	1	6453	1	0	6078
2	3	2906	2	1	2156
3	4	9359	3	1	8234
4	6	5842	4	2	4312
5	8	2265	5	3	0390
6	9	8718	6	3	6468
7	11	5171	7	4	2546
8	13	1624	8	4	8624
9	14	8077	9	5	4702
10	16	4530	10	6	0780
20	32	9060	20	12	1560
30	49	3590	30	18	2340
40	65	8120	40	24	3120
50	82	2650	50	30	3900
60	98	7180	60	36	4680
70	115	1710	70	42	5460
80	131	6240	80	48	6240
90	148	0770	90	54	7020
100	164	5300	100	60	7800

N°. 11.

Conversion d'Ares en Verges et de Verges en Ares,
pour l'Arpent de 130 verges (la verge linéaire de 20
pieds 4 pouces), en usage à Pierrefonds.

ARES.	VERGES et décim. de la verge.		VERGES.	ARES et décimales de l'are.	
1	2	2929	1	0	4361
2	4	5858	2	0	8722
3	6	8787	3	1	3083
4	9	1716	4	1	7444
5	11	4645	5	2	1805
6	13	7574	6	2	6166
7	16	0503	7	3	0527
8	18	3432	8	3	4888
9	20	6361	9	3	9249
10	22	9290	10	4	3610
20	45	8580	20	8	7220
30	68	7870	30	13	0830
40	91	7160	40	17	4440
50	114	6450	50	21	8050
60	137	8740	60	26	1660
70	160	5030	70	30	5270
80	183	4320	80	34	8880
90	206	3610	90	39	2490
100	229	2900	100	43	6100

N°. 12.

Conversion d'Ares en Verges et de Verges en Ares, pour l'Arpent de 108 verges (la verge linéaire de 22 pieds), en usage à Attichy et Compiègne.

ARES.	VERGES et décim. de la verge.		VERGES.	ARES et décimales de l'are.	
1	1	958	1	0	5107
2	3	916	2	1	0214
3	5	874	3	1	5321
4	7	832	4	2	0428
5	9	790	5	2	5535
6	11	748	6	3	0642
7	13	706	7	3	5749
8	15	664	8	4	0856
9	17	622	9	4	5963
10	19	580	10	5	1070
20	39	160	20	10	2140
30	58	740	30	15	3210
40	78	320	40	20	4280
50	97	900	50	25	5350
60	117	480	60	30	6420
70	137	060	70	35	7490
80	156	640	80	40	8560
90	176	220	90	45	9630
100	195	800	100	51	0700

N°. 13.

Conversion d'Ares en Verges et de Verges en Ares, pour l'Arpents de 100 verges (la verge linéaire de 21 pieds 8 pouces), en usage à Formeries, Romeschamps, et en partie dans les départements de l'Oise et de la Seine-Inférieure.

ARES.	VERGES et décim. de la verge.		VERGES.	ARES et décimales de l'are.	
1	2	0191	1	0	4954
2	4	0382	2	0	9908
3	6	0573	3	1	4862
4	8	0764	4	1	9816
5	10	0955	5	2	4770
6	12	1146	6	2	9724
7	14	1337	7	3	5078
8	16	1528	8	3	9632
9	18	1719	9	4	4586
10	20	1910	10	4	9540
20	40	3820	20	9	9080
30	60	5730	30	14	8620
40	80	7640	40	19	8160
50	100	9550	50	24	7700
60	121	1460	60	29	7240
70	141	3370	70	34	6780
80	161	5280	80	39	6320
90	181	7190	90	44	5860
100	201	9100	100	49	5400

6

N°. 14.

Conversion d'Ares en Perches et de Perches en Ares, pour l'Arpent de 144 perches (la perche linéaire de 17 pieds), en usage à Nanteuil-le-Haudoin et dans le canton.

ARES.	PERCHES et décim. de la verge.		PERCHES.	ARES et décimales de l'are.	
1	3	2791	1	0	3049
2	6	5582	2	0	6098
3	9	8373	3	0	9147
4	12	1164	4	1	2196
5	16	3955	5	1	5245
6	19	6746	6	1	8294
7	22	9537	7	2	1343
8	26	2328	8	2	4392
9	29	5119	9	2	7441
10	32	7910	10	3	0490
20	65	5820	20	6	0980
30	98	3730	30	9	1470
40	131	1640	40	12	1960
50	163	9550	50	15	2450
60	196	7460	60	18	2940
70	229	5370	70	21	3430
80	262	3280	80	24	3920
90	293	1190	90	27	4410
100	327	9100	100	30	4900

N°. 15.

*Conversion d'Ares en Perches et de Perches en Ares,
pour l'Arpent de 80 perches (la perche linéaire de
19 pieds 4 pouces), en usage au Meux.*

ARES.	PERCHES et décim. de la verge.		PERCHES.	ARES et décimales de l'are.	
1	2	5362	1	0	3942
2	5	0724	2	0	7884
3	7	6086	3	1	1826
4	10	1448	4	1	5768
5	12	6810	5	1	9710
6	15	2172	6	2	3652
7	17	7534	7	2	7594
8	20	2896	8	3	1536
9	22	8258	9	3	5478
10	25	3620	10	3	9420
20	50	7240	20	7	1840
30	76	0860	30	11	8260
40	101	4480	40	15	7680
50	126	8100	50	19	7100
60	152	1720	60	23	6520
70	177	5340	70	27	5940
80	202	8960	80	31	5360
90	228	2580	90	35	4780
100	253	6200	100	39	4200

N°. 16.

Conversion d'Ares en Verges et de Verges en Ares, pour l'Arpent de 150 verges (la verge linéaire de 16 pieds 6 pouces), en usage à Mello.

ARES.	VERGES et décim. de la verge.		VERGES.	ARES et décimales de l'are.	
1	3	4809	1	0	2887
2	6	9618	2	0	5774
3	10	4427	3	0	8661
4	13	9236	4	1	1548
5	17	4045	5	1	4435
6	20	8854	6	1	7322
7	24	3663	7	2	0209
8	27	8472	8	2	3096
9	31	3281	9	2	5983
10	34	8090	10	2	8870
20	69	6180	20	5	7740
30	104	4270	30	8	6610
40	139	2360	40	11	5480
50	174	0450	50	14	4350
60	208	8540	60	17	3220
70	243	6630	70	20	2090
80	278	4720	80	23	0960
90	313	2810	90	25	9830
100	348	0900	100	28	8700

N°. 17.

*Conversion d'Ares en Verges et de Verges en Ares,
pour la Mine de 60 verges (la vergé linéaire de 21
pieds 5 pouces 6 lignes), en usage à Marseille près
Beauvais , et partie du canton.*

ARES.	VERGES et décim. de la verge.		VERGES.	ARES et décimales de l'are.	
1	2	0578	1	0	4859
2	4	1156	2	0	9718
3	6	1734	3	1	4577
4	8	2312	4	1	9436
5	10	2890	5	2	4295
6	12	3468	6	2	9154
7	14	4046	7	3	3213
8	16	4624	8	3	8872
9	18	5202	9	4	3731
10	20	5780	10	4	8590
20	41	1560	20	9	7180
30	61	7340	30	14	5770
40	82	3120	40	19	4360
50	102	8900	50	22	2950
60	123	4680	60	29	1540
70	144	0460	70	34	0130
80	164	6240	80	38	8720
90	185	2020	90	43	7310
100	205	7800	100	48	5900

6.

N°. 18.

Conversion de Verges en Ares et d'Ares en Verges, pour
l'Acre de 160 verges (la verge linéaire de 21 pieds
9 pouces), en usage à Romescamps et en partie dans le
canton de Grandvilliers ; Rouen , Caudebec , Yvetot
et partie des départements de la Seine-Inférieure et
du Calvados.

ARES.	VERGES et décim. de la verge.		VERGES.	ARES et décimales de l'are.	
1	2	0033	1	0	4991
2	4	0066	2	0	9982
3	6	0099	3	1	4973
4	8	0132	4	1	9964
5	10	0165	5	2	4955
6	12	0198	6	2	9946
7	14	0231	7	3	4937
8	16	0264	8	3	9928
9	18	0297	9	4	4919
10	20	0330	10	4	9910
20	40	0660	20	9	9820
30	60	0990	30	14	9730
40	80	1320	40	19	9640
50	100	1650	50	24	9550
60	120	1980	60	29	9460
70	140	2310	70	33	9370
80	160	2640	80	39	9280
90	180	2970	90	44	9190
100	200	3300	100	49	9100

Nº. 19.

Conversion d'Ares en Verges et de Verges en Ares, pour le journal de 66 verges 2/3 (la verge linéaire de 22 pieds 1 pouce), en usage à Chambly, Mont-Javoult, Chaumont et aux environs.

ARES.	VERGES et décim. de la verge.		VERGES.	ARES et décimales de l'are.	
1	1	922	1	0	5202
2	3	844	2	1	0404
3	5	766	3	1	5606
4	7	688	4	2	0808
5	9	610	5	2	6010
6	11	532	6	3	1212
7	13	454	7	3	6414
8	15	376	8	4	1616
9	17	298	9	4	6818
10	19	220	10	5	2020
20	38	440	20	10	4040
30	57	660	30	15	6060
40	76	880	40	20	8080
50	96	100	50	26	0100
60	115	320	60	31	2120
70	134	540	70	36	4140
80	153	760	80	41	6160
90	172	980	90	46	8180
100	192	200	100	52	0200

N°. 20.

Conversion d'Ares en Verges et de Verges en Ares, pour le Journal de 100 verges (la verge linéaire de 20 pieds 8 pouces), en usage à Lassigny, et en en partie dans le canton.

ARES.	VERGES et décim. de la verge.		VERGES.	ARES et décimales de l'are.	
1	2	2202	1	0	4503
2	4	4404	2	0	9006
3	6	6606	3	1	3509
4	8	8808	4	1	8012
5	11	1010	5	2	2515
6	13	3212	6	2	7018
7	15	5414	7	3	1521
8	17	7616	8	3	6024
9	19	9818	9	4	0527
10	22	2020	10	4	5030
20	44	4040	20	9	0060
30	66	6060	30	13	5090
40	88	8080	40	18	0120
50	111	0100	50	22	5150
60	133	2120	60	27	0180
70	155	4140	70	31	5210
80	177	6160	80	36	0240
90	199	8180	90	40	5270
100	222	0200	100	45	0300

N°. 21.

*Conversion d'Ares en Verges et de Verges en Ares,
pour la Faulx de 80 verges (la verge linéaire de 22
pieds 7 pouces 7/8), en usage à Noyon, Babœuf,
Guiscard, et partie du canton.*

ARES.	VERGES et décim. de la verge.		VERGES.	ARES et décimales de l'are.	
1	1	8665	1	0	5357
2	3	7330	2	1	0714
3	5	5995	3	1	6071
4	7	4660	4	2	1428
5	9	3335	5	2	6785
6	11	1990	6	3	2142
7	13	0655	7	3	7499
8	14	9320	8	4	2856
9	16	7985	9	4	8213
10	18	6650	10	5	3570
20	37	3300	20	10	7140
30	55	9950	30	16	0710
40	74	6600	40	21	4280
50	93	3250	50	26	7850
60	111	9900	60	32	1420
70	130	6550	70	37	4990
80	149	3200	80	42	8560
90	167	9850	90	48	2130
100	186	6500	100	53	5700

TABLEAUX
DE CONVERSION

DE

DIFFÉRENTES MESURES AGRAIRES

en Hectares, Ares et Centiares.

N°. 22.				N°. 23.			
Mine de 48 verges (la verge linéaire de 22 pieds), en usage à Beauvais, Luchy, et en grande partie dans le département de l'Oise.				Mine de 30 verges (la verge linéaire de 21 pieds 4 pouces), en usage à St.-Just-en-Chaussée, Ansauvillers, Corneilles et Crevecœur.			
MINES.	HECTARES.	ARES.	CENTIARES.	MINES.	HECTARES.	ARES.	CENTIARES.
1	0	24	51	1	0	24	1
2	0	49	02	2	0	48	2
3	0	73	53	3	0	72	3
4	0	97	04	4	0	96	4
5	1	22	55	5	1	20	5
6	1	47	06	6	1	44	6
7	1	71	57	7	1	68	7
8	1	96	08	8	1	92	8
9	2	20	59	9	2	16	9
10	2	45	10	10	2	40	10
100	24	51	00	100	24	01	00

Nº. 24.

Mine de 50 verges (la verge linaire de 22 pieds), en usage à Bauvais, Auneuil, Bulles, Mouy, Tillé, Trois-sereux, Noailles, Noyon, Babœuf et Guiscard.

MINES.	HECTARES.	ARES.	CENTIARES.
1	0	25	54
2	0	51	08
3	0	76	62
4	1	02	16
5	1	27	70
6	1	53	24
7	1	78	78
8	2	04	32
9	2	29	86
10	2	55	40
100	25	54	00

Nº. 26.

Mine de 40 verges (la verge linéaire de 22 pieds), en usage à Bresles, et une partie du canton de Nivillers.

MINES.	HECTARES.	ARES.	CENTIARES.
1	0	20	43
2	0	40	86
3	0	61	29
4	0	81	72
5	1	02	15
6	1	22	58
7	1	43	01
8	1	63	44
9	1	83	87
1	2	04	30
100	20	43	00

Nº. 25.

Mine de 45 verges (la verge linéaire de 22 pieds), en usage à Bresle.

MINES.	HECTARES.	ARES.	CENTIARES.
1	0	22	98
2	0	45	96
3	0	68	94
4	0	91	92
5	1	14	90
6	1	47	88
7	1	60	86
8	1	83	84
9	2	04	32
10	2	29	80
100	22	98	00

Nº. 27.

Setier de 70 verges (la verge linéaire de 22 pieds 7 pouces 7/8), en usage pour les terres, à Noyon, Babœuf, Guiscard, Beaulieu et Ribecourt.

SETIERS.	HECTARES.	ARES.	CENTIARES.
1	0	37	92
2	0	75	84
3	1	13	76
4	1	51	68
5	1	89	60
6	2	27	52
7	2	65	44
8	3	03	36
9	3	41	28
10	3	79	20
100	37	92	00

N°. 2 ?.

Essein de 54 verges (la verge linéaire de 22 pieds), en usage à Attichy et dans une partie de ce canton.

ESSEIN.	HECTARES.	ARES.	CENTIARES.
1	0	27	58
2	0	55	16
3	0	82	74
4	1	10	32
5	1	37	90
6	1	65	48
7	1	93	06
8	2	20	64
9	2	48	22
10	2	75	80
100	27	58	00

N°. 30.

Boisseau de 4 verges 3/8 (la verge linéaire de 22 pieds 7 pouces 7/8), en usage à Noyon et les environs.

BOISSEAUX.	HECTARES.	ARES.	CENTIARES.
1	0	2	37
2	0	4	74
3	0	7	11
4	0	9	48
5	0	11	85
6	0	14	22
7	0	16	59
8	0	18	96
9	0	21	33
10	0	23	70
100	2	37	00

N°. 29.

Boisseau de 5 verges (la verge linéaire de 22 pieds 7 pouces 7/8), en usage à Noyon et dans les environs, pour les prés.

BOISSEAUX.	HECTARES.	ARES.	CENTIARES.
1	0	2	71
2	0	5	42
3	0	8	13
4	0	10	84
5	0	13	55
6	0	16	26
7	0	18	97
8	0	21	68
9	0	24	39
10	0	27	10
100	2	71	00

N°. 31.

ancaut de 35 verges (la verge linéaire de 22 pieds 7 pouces 7/8), en usage à Noyon, Baboeuf, Guiscard, Ribecourt et Beaulieu.

MANCAUTS	HECTARES.	ARES.	CENTIARES.
1	0	18	96
2	0	37	92
3	0	56	88
4	0	75	84
5	0	94	80
6	1	13	76
7	1	32	72
8	1	51	68
9	1	70	64
10	1	89	60
100	18	96	00

N°. 32.

Quartier de 17 verges 1/2 (la verge linéaire de 22 pieds 7 pouces 7/8), en usage à Noyon, Baboeuf, Guiscard, Ribecourt et Beaulieu.

QUARTIERS.	HECTARES.	ARES.	CENTIARES
1	0	9	48
2	0	18	96
3	0	28	44
4	0	37	92
5	0	47	40
6	0	56	88
7	0	66	36
8	0	75	84
9	0	85	32
10	0	94	80
100	9	48	00

N°. 34.

Setier de 9 verges (la verge linéaire de 22 pieds), en usage à Attichy, pour les vignes seulement.

SETIERS.	HECTARES.	ARES.	CENTIARES.
1	0	4	59
2	0	9	18
3	0	13	77
4	0	18	36
5	0	22	95
6	0	27	54
7	0	32	13
8	0	36	72
9	0	41	31
10	0	45	90
100	4	59	00

N°. 35.

Pichet de 27 verges (la verge linéaire de 22 pieds), en usage à Attichy.

PICHETS.	HECTARES.	ARES.	CENTIARES.
1	0	13	79
2	0	27	58
3	0	41	37
4	0	55	16
5	0	68	95
6	0	82	74
7	0	96	53
8	1	10	32
9	1	24	11
10	1	37	90
100	13	79	00

N°. 35.

Pichet de 32 verges 1/2 (la verge linéaire de 20 pieds 4 pouces), en usage à Pierrefonds.

PICHETS.	HECTARES.	ARES.	CENTIARES.
1	0	14	17
2	0	28	34
3	0	42	51
4	0	56	68
5	0	70	85
6	0	85	02
7	0	99	19
8	1	13	36
9	1	27	53
10	1	41	70
100	14	17	00

N°. 36.

Quartier de 16 verges 1/4 (la verge linéaire de 20 pieds 4 pouces), en usage à Pierrefonds.

QUARTIERS.	HECTARES.	ARES.	CENTIARES.
1	0	07	08
2	0	14	16
3	0	21	24
4	0	28	32
5	0	35	40
6	0	42	48
7	0	49	56
8	0	56	64
9	0	63	72
10	0	70	80
100	7	08	00

N°. 38.

Mancaut de 40 verges (la verge linéaire de 19 pieds 4 pouces), en usage au Meux et à Compiègne.

MANCAUTS.	HECTARES.	ARES.	CENTIARES.
1	0	15	77
2	0	31	54
3	0	47	31
4	0	63	08
5	0	78	85
6	0	94	62
7	1	10	39
8	1	26	16
9	1	41	93
10	1	57	70
100	15	77	00

N°. 37.

Mancaut de 50 verges (la verge linéaire de 20 pieds 8 pouces), en usage à Lassigny.

MANCAUTS.	HECTARES.	ARES.	CENTIARES.
1	0	22	53
2	0	45	06
3	0	67	59
4	0	90	12
5	1	12	65
6	1	35	18
7	1	57	71
8	1	80	24
9	2	02	77
10	2	25	30
100	22	53	00

N°. 39.

Mancaut de 45 verges (la verge linéaire de 19 pieds 4 pouces), en usage à Coudun.

MANCAUTS.	HECTARES.	ARES.	CENTIARES.
1	0	17	75
2	0	35	50
3	0	53	25
4	0	71	00
5	0	88	75
6	1	06	50
7	1	24	25
8	1	42	00
9	1	59	75
10	1	77	50
100	17	75	00

N°. 40.

Quartier de 22 verges 1/2 (la verge linéaire de 19 pieds 4 pouces), en usage à Coudun.

QUARTIERS.	HECTARES.	ARES.	CENTIARES.
1	0	8	87
2	0	17	74
3	0	26	61
4	0	35	48
5	0	44	35
6	0	52	22
7	0	62	09
8	0	70	96
9	0	79	83
10	0	88	70
100	8	87	00

N°. 42.

Quartier de 22 verges 1/2 (la verge linéaire de 22 pieds), en usage à Ressons-sur-le-Matz.

QUARTIERS.	HECTARES.	ARES.	CENTIARES.
1	0	11	48
2	0	22	96
3	0	34	44
4	0	45	92
5	0	57	40
6	0	68	88
7	0	80	36
8	0	91	84
9	1	03	32
10	1	14	80
100	11	48	00

N°. 41.

Mancaut de 45 verges (la verge linéaire de 22 pieds), en usage à Ressons-sur-le-Matz.

MANCAUTS.	HECTARES.	ARES.	CENTIARES.
1	0	22	97
2	0	45	94
3	0	68	91
4	0	91	88
5	1	14	85
6	1	37	82
7	1	60	79
8	1	83	76
9	2	06	73
10	2	29	70
100	22	97	00

N°. 43.

Mancaut de 30 verges (la verge linéaire de 19 pieds 4 pouces), en usage à Rethondes.

MANCAUTS.	HECTARES.	ARES.	CENTIARES.
1	0	11	83
2	0	23	66
3	0	35	49
4	0	47	32
5	0	59	15
6	0	70	98
7	0	82	81
8	0	94	64
9	1	06	47
10	1	18	30
100	11	83	00

N°. 44.

Quartier de 15 verges (la verge linéaire de 20 pieds 2 pouces), en usage à Estrees-Saint-Denis.

QUARTIERS.	HECTARES.	ARES.	CENTIARES.
1	0	06	43
2	0	12	86
3	0	19	29
4	0	25	72
5	0	32	15
6	0	38	58
7	0	45	01
8	0	51	44
9	0	57	87
10	0	64	30
100	6	43	00

N°. 46.

Arpent dit de Valois de 120 verges (la verge linéaire de 18 pieds), en usage à Senlis, Baron, Chantilly, Crépy et Morienval.

ARPENTS.	HECTARES.	ARES.	CENTIARES.
1	0	41	03
2	0	82	06
3	1	23	08
4	1	64	10
5	2	05	13
6	2	46	75
7	2	67	18
8	3	28	20
9	3	69	23
10	4	10	20
100	41	02	64

N°. 45.

Mancaut de 45 verges (la verge linéaire de 20 pieds 2 pouces), en usage à Monchy-Humières.

MANCAUTS.	HECTARES.	ARES.	CENTIARES.
1	0	19	31
2	0	38	62
3	0	57	93
4	0	77	24
5	0	96	55
6	1	15	86
7	1	35	17
8	1	54	48
9	1	73	79
10	1	93	10
100	19	31	00

N°. 47.

Arpent de 100 verges (la verge linéaire de 20 pieds 2 pouces), en usage à Le Glantier, La Neuvilleroy, Monchy-Humières, Saint-Just, Carlepont et Clermont (Oise), pour les bois.

ARPENTS.	HECTARES	ARES.	CENTIARES.
1	0	42	91
2	0	85	63
3	1	28	70
4	1	71	67
5	2	14	58
6	2	57	49
7	3	00	41
8	3	43	32
9	3	86	24
10	4	20	15
100	42	91	46

	N°. 48.				N°. 49.		
	Arpent de 80 perches (la perche linéaire de 19 pieds 4 pouces), en usage au Meux, Compiègne et au Grand-Fresnoy.				Arpent de 64 verges (la verge linéaire de 20 pieds 2 pouces), en usage à Liancourt et Sacy-le-Grand.		
ARPENTS.	HECTARES.	ARES.	CENTIARES.	ARPENTS.	HECTARES.	ARES.	CENTIARES.
1	0	31	55	1	0	27	47
2	0	63	10	2	0	54	94
3	0	94	66	3	0	82	41
4	1	26	21	4	1	09	88
5	1	57	77	5	1	37	35
6	1	89	32	6	1	64	82
7	2	20	87	7	1	92	29
8	2	52	43	8	2	19	76
9	2	83	98	9	2	47	23
10	3	15	53	10	2	74	70
100	31	55	30	100	27	46	95

TABLE DES MATIÈRES.

De la Mesure des Objets inaccessibles et en parties accessibles.

Du Rapport des Figures.

FIN DE LA TABLE DE L'ARPENTAGE.

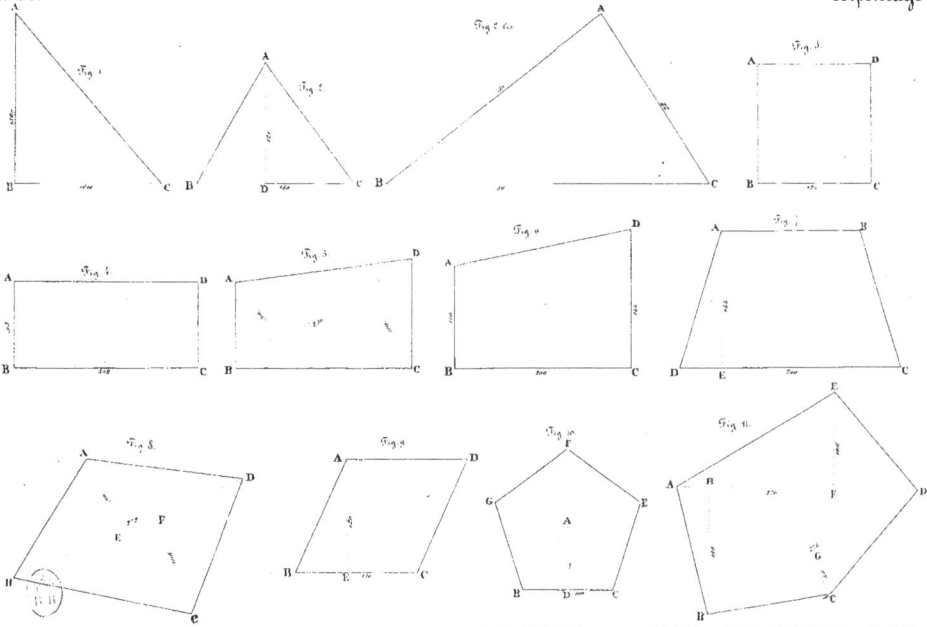

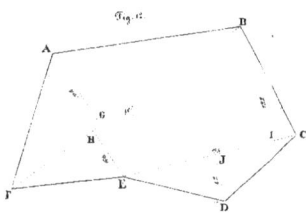

Fig. 12.

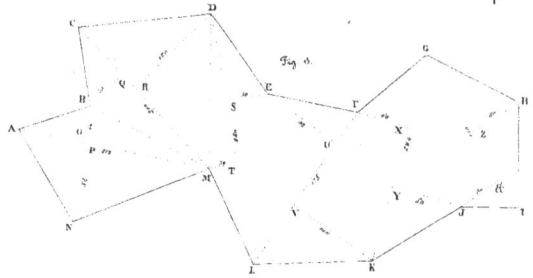

Fig. 13.

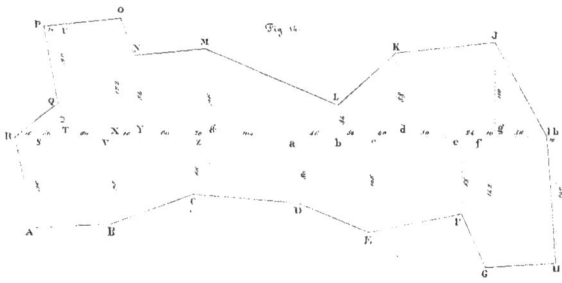

Fig. 14.

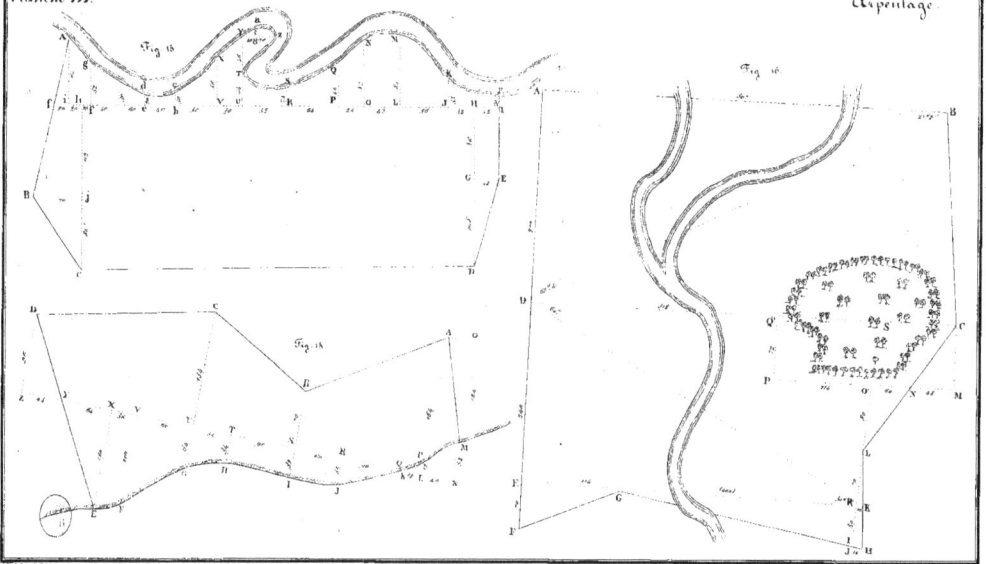

Planche III.   Arpentage.

Fig. 13.

Fig. 14.

Fig. 15.

Pl. IV.   Arpentage

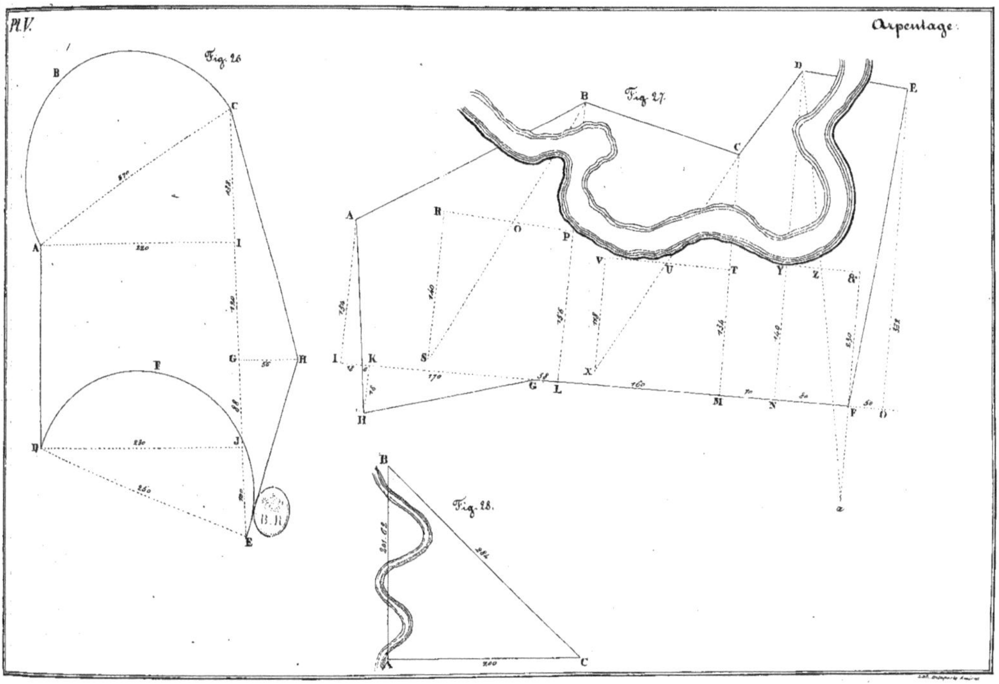

Fig. 26.

Fig. 27.

Fig. 28.

Pl. VI.

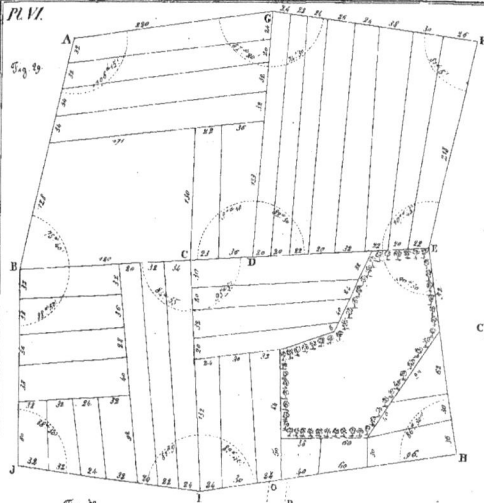

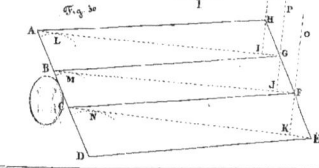

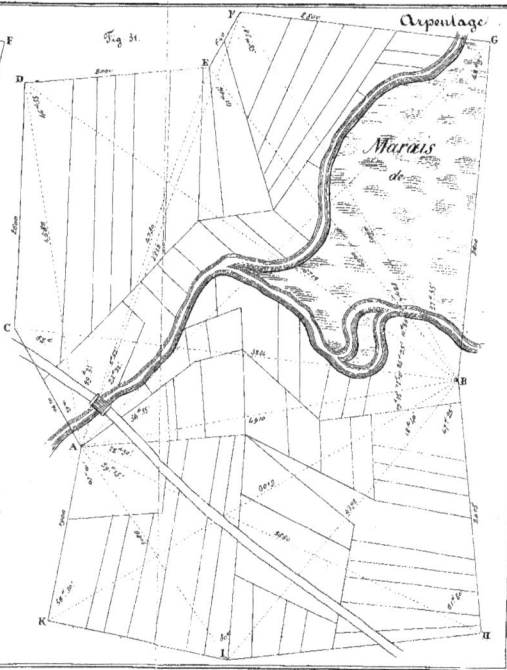

Fig. 29.

Fig. 30.

Fig. 31.

Arpentage

Marais
de

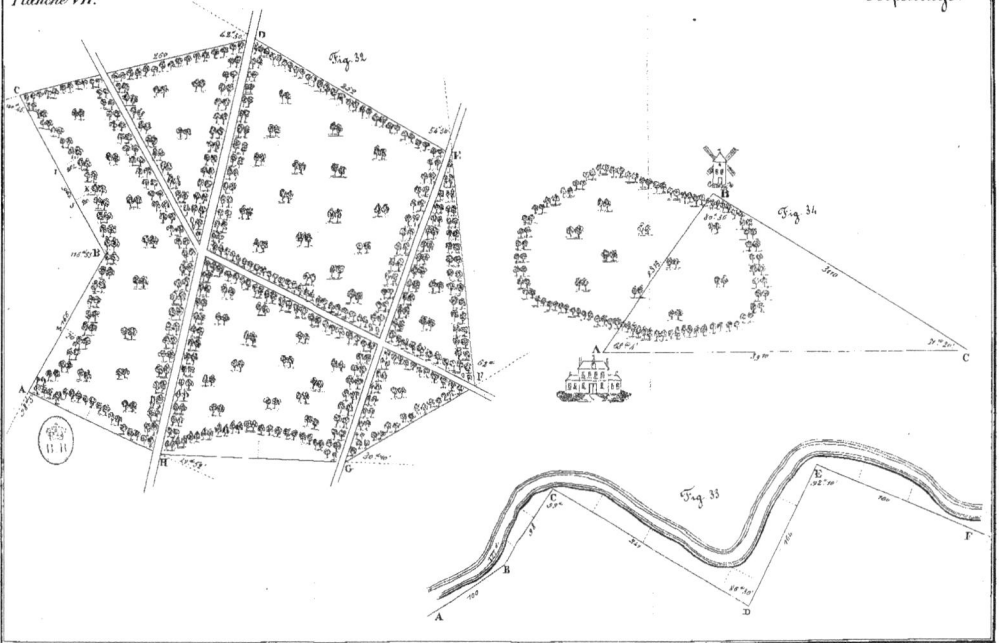

Fig. 32

Fig. 34

Fig. 33

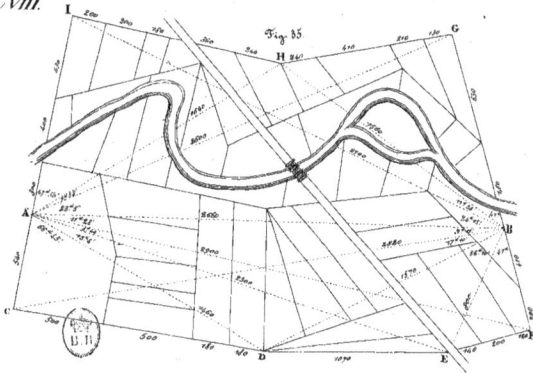

Fig. 35.

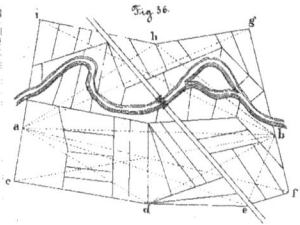

Fig. 36.

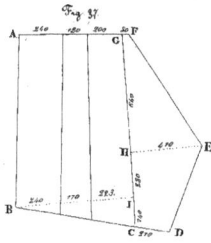

Fig. 37.

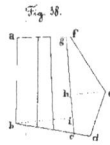

Fig. 38.

TRAITÉ

DE

GÉODÉSIE MODERNE,

OU

DE LA DIVISION DU TERRAIN,

Par A.-I. CATONNET,

ANCIEN ÉLÈVE DE L'ÉCOLE POLYTECHNIQUE, ET GÉOMÈTRE
A CONTY.

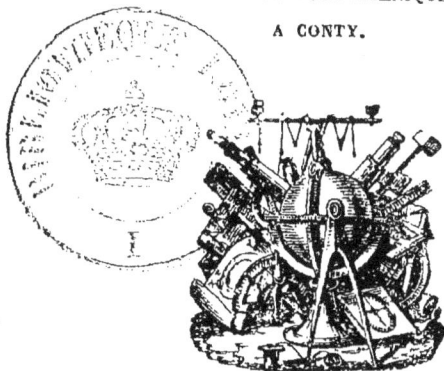

AMIENS.

CHEZ CARON-VITET, IMPRIMEUR-ÉDITEUR,

PLACE DU GRAND-MARCHÉ, N°. 1.

1841.

On a démontré dans ce Traité la manière de surmonter les obstacles qui s'opposeraient à ce qu'on pût réussir dans la division du terrain.

Ce Traité est suivi d'une autre manière de diviser le terrain, mais cette manière est plus prolixe et plus diffuse, à cause de la multiplicité de lignes qu'il faudrait mener sur le terrain ; on laissera à en juger aux personnes que l'usage et la pratique de cette science ont rendu capables d'en apprécier la différence. Néanmoins, cette méthode est juste et précise, étant basée sur un principe purement géométrique, en ce que les opérations géodésiques s'oppèrent par des lignes parallèles ; on parvient, par ce moyen, à diviser le terrain d'une manière parfaitement exacte.

La multiplicité des lignes que l'on voit dans les figures, ne sont là que pour démontrer la manière de diviser le terrain sur le papier, mais qui deviennent disparates dans la pratique.

TRAITÉ

DE

GÉODÉSIE MODERNE,

OU

DE LA DIVISION DU TERRAIN.

———————

L<small>A</small> G<small>ÉODÉSIE</small> dérive du mot grec *gedeo* (je divise).

La Géodésie ou la division du terrain, est une science qui fait suite à l'Arpentage, en ce qu'elle enseigne la manière de partager les terres, bois, prés, landes, bruyères, eaux, etc., en parties égales et inégales, selon les titres de propriété du terrain qui est indivis, afin d'assigner à chaque co-partageant, sa quantité respective de terrain ou parts proportionnelles de ce qui lui revient à titre de succession, partage, vente, donnation, échange, legs, etc.

———————

PROBLÊME PREMIER.

Diviser un triangle en deux parties égales, de la base au sommet.

Soit le triangle ABC (*figure 1ᵣᵉ.*), proposé pour être divisé en deux parties égales, de la base AC au sommet B, et qui est renommé contenir en superficie 147 ares 60 centiares.

Je divise la base AC en deux parties égales au point D, et par ce point je mène la ligne DB au sommet B, et j'ai les deux triangles ABD et DBC égaux en superficie de chacun 73 ares 80 centiares.

8

PROBLÈME DEUXIÈME.

Diviser un triangle en plusieurs parties égales, de la base au sommet.

Soit le triangle ABC (*fig.* 2.), proposé pour être divisé en cinq parties égales, de la base AC au sommet B, qui est supposé contenir 157 ares 20 centiares en surface.

Je divise la base AC en cinq parties égales aux points G, E, F et D, puis, par ces points, je mène les lignes GB, FB, EB et DB au sommet B, et j'ai les triangles ABG, GBF, FBE, EBD et DBC égaux en superficie de chacun 31 ares 44 centiares.

On suivra toujours le même procédé lorsqu'on divisera un triangle de la base au sommet, et par ce moyen, on divisera en autant de parties égales qu'on voudra ; il ne s'agit que de diviser la base en autant de parties égales qu'il y a de co-partageants, en menant des lignes de la base au sommet.

Il faut savoir que tout triangle de même base et de même hauteur, sont égaux en surfaces.

PROBLÈME TROISIÈME.

Diviser un triangle en deux parties égales, parallèlement à un de ses côtés.

Soit le triangle ABC (*fig.* 3.), proposé pour être divisé en deux parties égales parallèlement au côté AC.

Il faut multiplier les côtés AB et BC chacun par leur moitié, et de chaque produit en extraire la racine carrée ; chaque quotient de racine donnera les points D et E, d'où doit partir la ligne divisionnaire DE, qui partagera le triangle ABC en deux parties égales.

Exemple pour le côté AB.

$(AB = 222 \times \frac{1}{2} \ AB = 111) = 24642$, dont $\overset{2}{\nu} =$
156,97 pour BD.

Exemple pour le côté CB.

$(CB = 314 \times \frac{1}{2} \ CB = 157) = 49298$, dont $\overset{2}{\nu} =$
222,03 pour BE.

Alors on aura le triangle DBE et le quadrilatère ADEC égaux en surface ; si le triangle contient 308 ares, chaque partie sera 154 ares.

PROBLÊME QUATRIÈME.

Diviser un triangle en trois parties égales parallèles
à un de ses côtés.

Le triangle ACB est donné pour être divisé en trois parties égales parallèles au côté AB.

Il faut multiplier les deux côtés AC et BC chacun par leur tiers, et de ces produits en extraire la racine carrée ; le résultat de ces racines donnera les points D et E de la première division.

Ensuite il faut multiplier ces mêmes côtés chacun par ses deux tiers, et des produits en extraire la racine carrée, le résultat de ces racines donnera les points F et G de la seconde division, de manière que les lignes DE et FG diviseront le triangle en trois parties égales parallèlement au côté AB.

Exemple pour le côté AC.

$(AC = 262 \times \frac{1}{3} \ AC = 87,33) = 23880,46$, dont $\overset{2}{\nu}$
$= 154,49$ pour CD.

$(AC = 262 \times 2/3 \ AC = 174,66) = 45760,92$, dont
$\overset{2}{\nu} = 213,91$ pour CF.

Exemple pour le côté BC.

(BC = 258 × $^1/_3$ BC = 86) = 22188 , dont $\overset{2}{\nu}$ = 148,95 pour CE.

(BC = 258 × 2/3 BC = 172) = 44376 , dont $\overset{2}{\nu}$ = 210,65 pour CG.

Puis, par le point D, E, et F, G, on mènera les lignes DE et FG, qui diviseront le triangle en trois parties égales ; si le triangle contient 330 ares, chaque portion sera de 110 ares, et on aura le triangle DCE, et les quadrilatères DFGE et FABG égaux en surface.

S'il était question de diviser en quatre parties égales, on multiplierait chaque côté par leur 1/4, ensuite par leur moitié, puis par leur 3/4, et on extrairait la racine carrée de chaque produit, dont les racines indiqueraient les points de division.

S'il s'agissait de diviser en cinq parties égales, on multiplierait chaque côté par leur 1/5, 2/5, 3/5 et 4/5, puis on extrairait les racines carrées de chaque produit ; les résultats donneraient les points de division.

On suivrait le même procédé pour un plus grand nombre de divisions.

PROBLÊME CINQUIÈME.

Diviser un Parallélogramme en deux parties égales.

On divisera les côtés AB et DC chacun en deux parties égales aux points E et F, et par ces points on mènera la ligne EF, qui divisera le parallélogramme (*fig.* 5.) en deux parties égales.

Si le parallélogramme ABCD contient 326 ares 40 centiares, les parallélogrammes AEFD et EBCF auront chacun 163 ares 20 centiares.

PROBLÈME SIXIÈME.

Diviser un Parallélogramme en trois parties égales.

Soit le parallélogramme ABCD (*fig.* 6.), qu'on suppose contenir 417 ares 60 centiares, à diviser en trois parties égales.

On divisera les côtés AD et BC chacun en trois parties égales aux points E, F, et GH, puis par ces points on mènera les lignes EG et FH, qui formeront les trois parallélogrammes ABGE, EGHF et FHCD, égaux en surface de chacun 139 ares 20 centiares.

Si l'on voulait diviser en plus grand nombre de parties égales, il ne s'agirait que de diviser les côtés AD et BC en autant de parties égales qu'on voudrait avoir de portions égales.

PROBLÈME SEPTIÈME.

Diviser un Trapèze en deux parties égales.

Soit le trapèze ABCD (*fig.* 7.) proposé à diviser en deux parties égales, et que ce trapèze contienne en superficie 357 ares 45 centiares et 50 milliares ou millièmes d'ares, chaque portion sera 178 ares 72 centiares 75 milliares.

On divisera les côtés parallèles AB et CD chacun en deux parties égales aux points E et F, puis par ces points on mènera la ligne EF, qui divisera le trapèze en deux parties égales, et on aura le trapèze ACFE et le trapézoïde EFDB égaux en surface.

Si on voulait diviser cette figure en un plus grand nombre de parties égales, on diviserait les côtés AB et CD en autant de parties égales qu'on voudrait avoir de portions égales, et par ces points divisionnaires ou mènerait des lignes d'un côté parallèle à l'autre.

8.

PROBLÈME HUITIÈME.

Diviser un Quadrilatère en deux parties égales.

Qu'il soit question de diviser le quadrilatère ABCD (*fig.* 8.) en deux parties égales.

On mesurera la superficie de la figure qu'on trouvera être de 191 ares 10 centiares, dont la moitié sera 95 ares 55 centiares ; on divisera les côtés AB et CD chacun en deux parties égales aux points G et H , puis on mènera provisoirement la ligne GH.

Mais, à cause des triangles AEB et DFC, qui ont ensemble 68 ares 40 centiares de superficie, il est clair de voir que le quadrilatère AGHD n'emporte que le quart de la superficie des triangles AEB et DCF, et qu'il lui en faudrait la moitié pour être égal en surface au quadrilatère GBCH ; en conséquence, ce quadrilatère AGHD doit donc reprendre le quart de la superficie des triangles AEB et DFC, qui vaut 17 ares 10 centiares. On fera la reprise de ce quart, en divisant 17 ares 10 centiares par la longueur de la ligne GH , qui est de 220 ; le quotient de la division donnera 0,12 pour reprise.

Mais le côté DC n'étant que le tiers du côté AB , on ajoutera 0,12 à 0,12 , on aura 0,24 ; on prendra le tiers de 0,24 , qui est 0,8 , pour reprise du côté HC , et 0,16, qu'on portera de G en B aux points I et K, et on aura le petit quadrilatère GHIK à reprendre sur le quadrilatère GBCH pour rendre les deux parties égales en superficie , et on aura le quadrilatère AIKD égal en superficie au quadrilatère IBCK.

On voit par le triangle ABC ci rapporté, divisé en deux par DE , que la moitié de ce triangle n'est composée que du triangle DEC , tandis que l'autre moitié ABED est composée de trois triangles équivalents

AED, FDE et FBE, et que le triangle AFD doit être
rapporté à la place du triangle DGC, pour que les
deux parties soient égales en superficie.

PROBLÊME NEUVIÈME.

Diviser un Quadrilatère en deux parties égales, dont
il y aurait un triangle à ajouter et un autre à re-
trancher.

Le quadrilatère ABCD (*fig. 9.*) est à diviser en
deux parties égales. Je divise provisoirement les côtés
AB et CD chacun en deux parties égales aux points
H et I, et je mène la ligne provisoire H et I.

Je retranche la base EB du triangle d'emprunt AEB,
qui égale 74, de la base FC du triangle DFC, qui
égale 84; il me reste 10, qui forme la base du petit
triangle DFG, lequel vaut en superficie 670.

Je prends le quart de 670, qui vaut 165,50, que je
divise par la longueur de la ligne HI, qui est de 249;
j'ai pour quotient 0,67, que je porte de H en J et
de I en K, et je mène la ligne JK, qui divise la figure
en deux parties égales en surface.

Le triangle DEG est formé du retranchement de la
base EB du triangle AEB, de la base FC du triangle
DFC, et c'est le quart de sa superficie qui donne la
reprise à faire HJKI, en sorte que le quadrilatère
AJKD est égal à la superficie du quadrilatère JBCK,
et contiennent chacun 17788 mètres superficiels, ou
177 ares 88 centiares.

Il faut avoir soin de ne pas retrancher la superficie d'un triangle de la superficie d'un autre, car on
ferait erreur; ce sont les bases de ces triangles qu'il
faut retrancher l'une de l'autre.

PROBLÊME DIXIÈME.

Diviser un Quadrilatère en trois parties égales.

Soit le quadrilatère ABCD (*fig.* 10.) à diviser en trois parties égales ; la superficie étant 42260, le tiers sera 14086,66.

Je divise provisoirement les côtés AC et BD chacun en trois parties égales aux points H , I , J et K , et je mène les lignes HJ et IK.

Ensuite je retranche la portion du côté AG de la base du triangle BED ; il me reste LÈ, qui servira de base au triangle BEL , qui égale en surface 5962.

Je prends les deux neuvièmes de 5962, qui valent 1324,88 , que je divise par la longueur de la ligne HJ , qui égale 190 ; j'ai pour quotient 6 mètres 97 centimètres pour première reprise.

Ensuite je divise les deux mêmes neuvièmes, égalents 1324,88 , par la longueur de la ligne IK , égale 194. J'ai pour quotient 6 mètres 82 centimètres pour seconde reprise.

Le côté AC n'étant que la moitié du côté BD , il faut doubler la reprise et en prendre le tiers du double pour le côté AC , et les deux tiers pour le côté BD.

Par exemple, la première reprise étant 6,97 , son double sera 13,94 , dont le tiers sera 4,64 pour le côté AC , et 9,30 pour le côté BD.

Pareillement, je double la seconde reprise 6,82 , qui sera 13,64 ; j'en prends le tiers , qui vaut 4,54 pour le côté AC , et 9,10 pour le côté BD.

Alors je mène les lignes divisionnaires MO et NP, qui achèvent la division proportionnellement aux côtés AC et BD.

La raison pourquoi on prend les deux neuvièmes du triangle restant pour faire les reprises, cette raison est sensible, car, en divisant le triangle ABC ci rapporté en trois parties égales par les lignes EF et DG, on voit clairement que la première division n'est formée que du triangle EFC, qui n'est que la neuvième partie du triangle total ABC. Que le trapèze DGFE est composé de trois triangles équivalent au triangle EFC, et que le trapèze ABGD contient cinq triangles équivalent au triangle EFC, ce qui fait en tout neuf triangles équivalent l'un à l'autre; en conséquence, il faut à chaque partie les trois neuvièmes du total; la première partie n'ayant qu'un neuvième, elle doit reprendre deux neuvièmes sur la seconde.

La seconde partie n'ayant que ses trois neuvièmes, on lui en reprend deux neuvièmes; il ne lui reste plus qu'un neuvième. Mais la troisième partie, qui a cinq neuvièmes, on lui en retire deux pour rendre à la seconde, elle reste avec ses trois neuvièmes, et par conséquent, les parties se trouvent égales en surface entr'elles.

PROBLÈME ONZIÈME.

Diviser un Quadrilatère ou Trapézoïde en quatre parties égales.

Le trapézoïde ABCD (*fig. 11.*) est proposé pour être divisé en quatre parties égales. Cette figure est renommée contenir 5870 ares 76 centiares, dont le quart égal 1567,69.

Je divise les côtés AB et CD chacun en quatre parties égales aux points E F, G K, L et M, puis je mène provisoirement les lignes EM, FL et GK;

Ensuite, je retranche la base CJ du triangle d'emprunt DJC de la base BI du triangle AIB, il me reste AIH, dont je mesure la superficie, que je trouve être de 37 ares 74 centiares; j'en prends la seizième partie, qui égale 2,359, que je triple, pour avoir 7,07.

Je divise 7,07 par la longueur de la ligne EM = 260 ; le quotient de la division me donne 2 mètres 71 centimètres pour la première reprise.

Je quadruple ensuite le seizième de la surface du triangle AIH pour avoir 9,43, que je divise par la longueur de la ligne FL = 270 ; le quotient 3 mètres 49 centimètres est la deuxième reprise.

Puis je triple le seizième de la surface du même triangle AIH = 7,07, que je divise par la longueur de la ligne GK = 280 ; le quotient de la division me donne 2 mètres 52 centimètres pour troisième reprise. Par ces moyens, le trapézoïde est divisé en quatre parties égales en superficie.

Par l'inspection de cette figure, on voit que le triangle ABC ci rapporté, étant divisé en quatre parties égales par les lignes FG, EH et DL, que la première partie qui forme le triangle FGC, n'est que la seizième partie du triangle total ABC ; que ce triangle total contient seize triangles équivalent au triangle FGC, qui est la première partie.

Que le trapèze EHGF contient trois parties ;

Que le trapèze DIHE contient cinq parties ;

Qu'enfin le trapèze ABID en contient seul sept parties, en tout seize triangles équivalents l'un à l'autre en égalité de surface.

Or, 16 divisé par 4 = 4, donc la première partie, qui n'a qu'un seizième, doit reprendre trois seizièmes sur la seconde ; la seconde n'ayant plus rien, elle doit reprendre quatre seizièmes sur la troisième ; il ne reste plus qu'un seizième à la troisième partie, elle doit reprendre trois seizièmes sur la quatrième qui en a sept, il lui en reste quatre seizièmes ; par conséquent, ces reprises étant faites, les quatre parties se trouvent égales en superficie, et partagées proportionnellement au terrain.

PROBLÊME DOUZIÈME.

Diviser un Pentagone en deux parties égales. (*fig.*12.)

Par le point A d'un des angles du pentagone, et par le centre G, on mènera la ligne AG, que l'on prolongera jusqu'au point B. Cette ligne AB coupera le pentagone en deux parties égales. On aura les deux quadrilatères AFCB et ABDE égaux en surface.

PROBLÊME TREIZIÈME.

Diviser un Exagone en trois parties égales, à partir du centre K. (*fig.* 13.)

Sur le milieu du côté AF, au point G, menez la ligne GK au point de centre K ; du milieu du côté BC, au point H, menez la ligne HK au centre K, et du milieu du côté DE, au point I, menez la ligne IK, vous aurez les trois pentagones GABHK, HCDIK et IEFGK égaux en surface.

PROBLÊME QUATORZIÈME.

Diviser un Hexagone en quatre parties égales, à partir du centre K. (*fig.* 14.)

Sur le quart du côté BC, au point H, et sur le quart du côté FE, au point L, menez la ligne HL passant par le centre K ; puis, sur le quart du côté CD ; au point I, et sur le quart du côté AF au point G, menez la ligne IG, vous aurez les quatre polygones GABHK, HCIK, IDELK et LFGK, égaux en surface.

PROBLÊME QUINZIÈME.

Diviser un Pentagone irrégulier en deux parties égales.
(*fig.* 15.)

Pour mettre ma figure en proportions, de l'angle B à l'angle D, je mène la ligne BD, que je divise en deux parties égales au point G.

Je divise parallèlement le côté AE en deux parties égales au point F, puis je mène la ligne provisoire FGC.

Ensuite, je mesure le quadrilatère AFCB et le quadrilatère FCDE, puis je divise l'excédent d'un quadrilatère sur l'autre, ou la différence par la longueur de la ligne FC ; le quotient de la division me donnera la reprise à faire pour rendre les deux parties égales en surface.

EXEMPLE :

Quadrilatère AFCB = 17643 + Quadrilatère FCDE = 17360 = 35003.

$$\frac{35003}{2} = 17501. \quad 17643 - 17501 = 142, \text{ différence.}$$

$$\frac{142}{FC = 170} = 0,83, \text{ à reprendre s}^r. \text{ le quadrilatère AFCB.}$$

PROBLÊME SEIZIÈME.

Diviser un Hexagone irrégulier en trois parties égales.
(*fig.* 16.)

Pour mettre ma figure en proportions, relativement aux côtés AF et CD, je divise AF et CD chacun en trois parties égales aux points G, H et KI, puis je mène les lignes provisoires GK et III.

Ensuite, je mesure partiellement le pentagone ABCKG, le quadrilatère GKIH et le pentagone HIDEF; j'ajoute ensemble ces trois parties, et je prends le tiers de leur somme, ensuite je fais les reprises, en divisant ces reprises par la longueur des lignes GK et HI.

EXEMPLE :

Pentagone ABCKG = 9620 + quad. GKIH = 11955 + pentag. HIDEF = 17252 = 38827.

$$\frac{38827}{3} = 12942,33$$

1°. Le pentagone ABCKG n'a que 9620, il doit avoir 12942,33, il a en moins 3322,33, que je divise par la longueur de la ligne GK = 202 ; le quotient de la division me donne 16,44 pour première reprise.

2°. Le quadrilatère GKIH avait 11955, on lui en retranche 3322,33, il ne lui reste plus que 8632,67 ; il doit avoir 12942,33, il lui manque donc 4309,66, que je divise par la longueur de la ligne HI = 200. Le quotient de la division me donne 21,54 pour seconde reprise ; puis je mène les lignes LM et NO, qui divisent la figure en trois parties égales de chacune 12942,33 de surface.

PROBLÈME SEIZIÈME (BIS).

Diviser un Hexagone irrégulier en trois parties égales, relativement à deux côtés opposés AD et EF, et à l'angle saillant C, et au rentrant B.

Je divise le côté AD (*fig. 16 bis.*) en trois parties égales, aux points G et H;

Je divise pareillement la ligne BC en trois parties égales, aux points L et M ;

Enfin je divise le côté EF en trois parties égales, aux points I et K.

9

Puis, je mène les lignes brisées GLI et HMK. Ces lignes me forment les trois hexagones ABEILG, GLIKMH et HMKFCD, que je mesure partiellement; puis je divise les différences par la longueur des lignes brisées ; les quotients des divisions me donnent les reprises à faire sur chaque partie.

EXEMPLE :

Hexag. 1er. = 15388 + Hexag. 2e. = 19928 + Hexag. 3e. = 20550 = 55866.

$$\frac{55866}{3} = 18622$$

L'hexagone 1er. ne contient que 15388 ; il lui manque 3224, que je divise par la longueur de la ligne GLI = 310. Le quotient de la division me donne 10 mètres 43 centimètres pour première reprise.

L'hexagone 2e. avait 19928, on lui en a retranché 3224, il lui en reste 16694 ; il doit avoir 18622, il lui manque 1928, que je divise par la longueur de la ligne brisée HMK = 312. Le quotient de la division me donne 6 mètres 17 centimètres pour seconde reprise, par conséquent la figure est divisée en trois parties égales.

PROBLÊME DIX-SEPTIÈME.

Diviser un Octogone irrégulier en quatre parties égales. (fig. 17.)

Je commence par mettre la figure qui est à diviser en proportion ;

Du point K à l'angle F, je mène la ligne KF, que je divise en quatre parties égales; pareillement, du point O au point P, je mène la ligne PO, que je divise aussi en quatre parties égales.

Puis, par ces points, je mène les lignes divisionnaires

provisoires JL, IM et GN, qui divisent la figure en quatre parties.

Ensuite, je mesure partiellement chaque partie, desquelles je forme une somme totale, dont j'en prends le quart, et ensuite je fais les reprises nécessaires, en divisant les quantités à reprendre, par la longueur des lignes.

EXEMPLE :

(Quadrilatère 1er. = 11040 + Pentag. 2e. = 13250 + Quadr. 3e. = 13750 + Pentag. 4e. = 15412) = 53452.

$$\frac{53452}{4} = 13363.$$

Le quadrilatère 1er. a 11040, il doit avoir 13363 ; il lui manque 2323, que je divise par la longueur de la ligne GN = 160. Le quotient de la division, 14,51, sera la première reprise.

Le pentagone 2e. avait 13250, on lui en a retranché 2323, il ne contient plus que 10927 ; il doit avoir 13363, il lui manque 2436, que je divise par la longueur de la ligne IM = 200. Le quotient 14,18 est la seconde reprise.

Le quadrilatère 3e. avait 13750, on lui en a retranché 2436, il lui reste 11314 ; il doit avoir 13363, il lui manque 2049, que je divise par la longueur de la ligne JL = 210. Le quotient me donne 9 mètres 75 centimètres pour troisième reprise. Par ce procédé, la figure se trouve divisée en quatre parties égales en superficie.

En suivant cette méthode, on pourra diviser les polygones irréguliers en autant de parties égales que l'on voudra.

REMARQUE.

« Il faut, dans le partage des terres, apporter le » plus grand soin à mettre les parties en proportions » le plus exactement possible, car souvent une pièce

» de terre vaut infiniment mieux d'une extrémité que
» de l'autre, et il pourrait se trouver une grande diffé-
» rence, soit dans le rapport de la production, soit
» pour le prix de la vente du terrain. Il pourrait
» même arriver qu'un arbre d'une certaine valeur
» se trouve sur une portion de division que l'on don-
» nerait à un des co-partageants au préjudice des
» autres, faute d'avoir établi une proportion avant
» de procéder au mesurage. Ce défaut proviendrait
» de la faute de l'arpenteur, qui n'aurait pas observé
» une proportion exacte ; car, chaque co-partageant
» pourrait bien avoir sa contenance d'ares et cen-
» tiares de terrain, mais si la proportion n'est pas
» établie directement, il y aurait erreur, quoique
» chaque intéressé ait sa contenance de terrain ; c'est
» à quoi un arpenteur doit faire la plus grande at-
» tention. »

De la tolérance dans l'Arpentage et dans la Division.

Il est rare que deux arpenteurs s'accordent ensemble, soit dans les opérations d'arpentage, soit dans
la division du terrain. Mais, lorsque dans une opération d'arpentage, cette opération ne diffère que d'un
centième, et dans la division du terrain, d'un cin-
quantième, d'une quantité de terrain d'une certaine
étendue, on peut regarder leur opération comme
juste.

Cette différence peut provenir de ce que ce n'est pas
toujours la même personne qui porte la chaîne, ou que
la chaîne n'est pas toujours tendue également, ou que
l'arpenteur n'aurait pas vérifié sa chaîne, ou encore,
quelquefois, en négligeant des petites fractions à faire
valoir dans le calcul, etc.; ce sont ces motifs qui ont
fait accorder cette tolérance.

DE LA DIVISION EN PARTIES INÉGALES.

PROBLÊME DIX-HUITIÈME.

Diviser un Triangle en deux parties inégales, de la base au sommet.

Soit le triangle ABC (*fig.* 18), qu'on suppose contenir 179 ares 20 centiares , dont une partie doit contenir 80 ares , et l'autre partie 99 ares 20 centiares.

On fera cette analogie :

Superficie ABC = 179,20 : base BC = 224 :: superficie 80 : $x =$

Ou 179,20 : 224 :: 80 $x = 100$.

Je porte 100 de B au point D, et je mène la ligne DA ; j'ai le triangle ABD = 80, et le triangle ADC = 99,20.

PROBLÊME DIX-NEUVIÈME.

Diviser un Triangle en trois parties inégales, de la base au sommet.

Soit le triangle ABB (*fig.* 19) proposé à diviser en trois parties inégales, la surface du triangle étant 175 ares 48 centiares.

La première partie de 45 ares , la deuxième de 62 , et la troisième de 68,48.

Je fais ces analogies :

$$175,48 : 214 :: \begin{cases} 45 : x = 54,87. \\ 62 : x = 75,61. \\ 68,48 : x = 83,52. \end{cases}$$

Je porte 54,87 de B en D, 75,61 de D en E, et 83,52 de E en C; j'ai le triangle ABD = 45 ares, le triangle ADE = 62, et le triangle AEC = 68,48.

9.

PROBLÊME VINGTIÈME.

Diviser un Triangle en deux parties inégales, paral-
lèles à un de ses côtés.

Le triangle ABC (*fig.* 20.) contient 23870 en superficie.

Une parties doit contenir 9000, et l'autre 14870 ;
on aura cette fraction 9000/14870.

(Les 9000/14870 de AB = 200) = 121,03.

(Les 9000/14870 de AC = 244) = 147,68.

Pour avoir la partie de 9000, je multiplie le côté
AB = 200, par 121,03, et du produit, j'en extrais la
racine carrée ; cette racine sera la distance qu'il faudra prendre pour avoir 9000.

$$200 \times 121,03 = 2420600, \text{dont} \overset{2}{\nu} = 155,58 \text{ pour AD.}$$

Je multiplie ensuite AC = 244 par 147,68, et du
produit j'en extrais la racine carrée ; le résultat de la
racine carrée donne ce qu'il faut pour 9000.

$$244 \times 147,68 = 3603392, \text{dont} \overset{2}{\nu} = 189,84 \text{ pour AE.}$$

Ainsi on aura le triangle ADE = 14870, et le quadrilatère DBCE = 9000.

PROBLÊME VINGT-ET-UNIÈME.

Diviser un Triangle en trois parties inégales, parallèle-
ment à un de ses côtés.

C'est le triangle ABC (*fig.* 21.), renommé contenir
279 ares 03 centiares, qu'il s'agit de partager en
trois parties inégales, dont une partie doit avoir 2/9,
une autre partie 3/9, et une autre partie de 4/9.

On multipliera chaque côté par ses 2/9, et des produits on en extraira la racine carrée, qui donnera la
première division de chaque côté.

On ajoutera 2/9 à 3/9, pour avoir 5/9 ; on multipliera chaque côté par ses 5/9, des produits on en extraira la racine carrée, qui donnera les points de la
seconde division.

EXEMPLE :

$$2/9 \ AB = 48 \quad | \quad 2/9 \ AC = 61,11$$
$$5/9 \ AB = 120 \quad | \quad 5/9 \ AC = 177,77$$

$AB = 216 \times 48 = 10368$, dont $\overset{2}{\nu} = 101,82 = AD$.

$AB = 216 \times 120 = 25920$, dont $\overset{2}{\nu} = 161,00 = AE$.

$AC = 320 \times 61,11 = 19555,20$, dont $\overset{2}{\nu} = 139,83$
= AF.

$AC = 320 \times 177,77 = 56886,40$, dont $\overset{2}{\nu} = 237,0$
= AG.

Donc, triangle ADF = pour 2/9, 62

Quadrilatère DEGF = pour 3/9, 93 $\Big\}$ = 179,03

Et quadrilatère EBCG = pour 4/9, 124,03

PROBLÈME VINGT-DEUXIÈME.

Diviser un Parallélogramme en trois parties inégales.

Soit le parallélogramme ABCD (*fig.* 22.), renommé
contenir 330 ares, et qu'il s'agit de diviser en trois
parties inégales, dont la première partie serait 120,
la seconde 85, et la troisième 125.

On fera cette analogie :

$$330 \ : \ 260 \ :: \ \begin{cases} 120 \ : \ x = 94,54 \\ 85 \ : \ x = 66,96 \\ 125 \ : \ x = 98,50 \end{cases}$$

Parallélogramme ABGE = 120

Parallélogramme EGHF = 85 $\Big\}$ = 330

Parallélogramme FHCD = 125

PROBLÊME VINGT-TROISIÈME.

Diviser un Trapèze en trois parties inégales.

Que le trapèze ABCD (*fig.* 23.) soit donné pour être divisé en trois parties inégales, la surface étant de 162,96. Que la première partie ait 72, la seconde 31, et la troisième 59,96.

Je fais ces analogies :

Pour le côté AD.

$$162,96 : 132 :: \begin{cases} 72 & : x = 58,32 \\ 31 & : x = 25,11 \\ 59,96 : x = 48,57 \end{cases}$$

Pour le côté BC.

$$162,96 : 204 :: \begin{cases} 72 & : x = 90,13 \\ 31 & : x = 38,80 \\ 59,96 : x = 75,07 \end{cases}$$

$$\text{On aura} \begin{cases} ABGE = 72 \\ EGHF = 31 \\ EHCD = 59,96 \end{cases} = 162,96$$

PROBLÊME VINGT-QUATRIÈME.

Diviser un Quadrilatère en trois parties inégales.

Soit le quadrilatère ou trapèze ABCD (*fig.* 24.) proposé à diviser en trois parties inégales.

Je divise les côtés AD et BC chacun en trois parties égales, aux points E,F, et G,H, pour mettre le terrain en proportion; puis, par ces points, je mène les lignes provisoires EG et FH.

Je mesure chaque trapézoïde particulièrement, et je divise les reprises à faire par la longueur des lignes provisoires.

EXEMPLE :

Trapézoïde ABGE = 103,88 ; il doit contenir 78, excédant, 25,88.

Trapézoïde EGHF = 111,10 ; il doit contenir 150, déficit, 38,90.

Trapézoïde FHCD = 120,84 ; il doit contenir 107,82, excédant, 13,02.

Pour régler les parties, je divise 25,88 par EG = 160 ; le quotient 16,17 est la première reprise.

Je divise 13,02 par FH = 166 ; le quotient 7,84 est la seconde reprise.

Ainsi la première partie = 78, la seconde 150, et la troisième 107,82.

PROBLÊME VINGT-CINQUIÈME.

Diviser un Polygone irrégulier, que l'on suppose être dans une vallée, renfermé entre deux rideaux, en quatre parties inégales, renommé contenir 79300.

Je mène arbitrairement les lignes BM et CG, que je divise chacune en quatre parties égales pour mettre la figure en proportion, puis par les points de division, je mène les lignes KP, JO et LN ; ensuite je mesure chaque partie partiellement, et je fais les reprises par la longueur des lignes provisoires.

La première partie ACDPK contient 19900 ; elle ne doit contenir que 18420 ; elle a 1480 d'excédant, que je divise par la longueur de la ligne KP = 102 ; le quotient me donne 14,50 pour première reprise.

La seconde partie KPEOJ contient 21090 ; on lui ajoute 1480, ce qui fait 22570 ; elle doit contenir 25348, elle éprouve un déficit de 2778, que je divise par la longueur de la ligne OJ = 194 ; le quotient me donne 14,31 pour seconde reprise.

La troisième partie JOFNLI contenait 19200 ; on lui

en a retranché 2778, il lui reste 16422 ; elle doit contenir 16855, elle éprouve un déficit de 433, que je divise par la longueur de la ligne LN = 170 ; le quotient donne 2,54 pour la troisième reprise.

Ainsi, 18420 + 25348 + 16855 + 18677 = 79300.

PROBLÊME VINGT-SIXIÈME.

Diviser un Quadrilatère ou Trapézoïde en cinq parties inégales, ayant deux côtés inaccessibles.

Le trapézoïde ABCD (*fig. 26.*) a les côtés AD et DC inaccessibles, au moyen d'une rivière qui intercepte ces côtés.

Pour parvenir à connaître ces côtés, je mène la diagonale AC de l'angle A à l'angle C ; je prends l'ouverture de l'angle A = 48^d 25', et l'ouverture de l'angle C = 42^d 15'. Je les ajoute ensemble ; j'ai pour somme 90^d 40', que je retranche de 180^d ; j'ai pour reste 89^d 20', pour l'angle D.

Je mesure ensuite la longueur de la diagonale AC = 633, qui servira de base au triangle ADC ; puis, pour connaître les deux côtés AD et DC, j'opère par la première proposition de la trigonométrie, en faisant cette analogie :

Sinus D = 89^d 20' : côté AC = 633 :: sinus A = 48^d 25' : x = DC = 474.

9,999971	2,801404	9,873896
Sinus 42^d 15' = 9,827606		2,801404
	12,629010	12,675300
	9,999971	9,999971
AD = 426 =	2,629039	2.675329 DC = 474

La perpendiculaire DG se trouvant ainsi inaccessible, pour en avoir la longueur, j'opère ainsi :

Je carre les côtés DC et GC, du carré DC; je retranche le carré de GC, j'extrais la racine carrée du reste; le résultat de la racine sera la longueur de la perpendiculaire DG.

EXEMPLE :

(DC = 487 × 487 = 137329 $\overset{2}{-}$ GC = 360 × 360 = 129600) = 107729. $\checkmark$ de 107729 = 328,22, longueur de la perpendiculaire DG.

Les parties inaccessibles étant connues, il est facile d'avoir la surface de la figure, comme on va le voir.

Diagonale AC = 633 × $^1/_2$ perpendiculaire DG = 164,11 = ... 103881,63

+ Diagonale AC = 633 × $^1/_2$ perpendiculaire BH = 186 = ... 117738,00

Total. . .   221619,63

Il s'agit maintenant de procéder à la division en cinq parties inégales.

1re. partie = 33440; 2e. = 44522; 3e. 21644; 4e. = 50500; et la 5e. = 71513,63. Égal en tout 221619,63.

Le côté AD étant inaccessible, je mène à ce côté la parallèle EF, puis je fais ma division sur les lignes EF et BC. Les lignes divisionnaires étant prolongées jusqu'au côté AD, elles couperont ce côté proportionnellement aux côtés EF et BC.

Pour la ligne EF, je fais cette analogie :

$$221619 : EF = 482 :: \begin{cases} 33440 : x = 72,72 \\ 44522 : x = 96,83 \\ 21644 : x = 47,20 \\ 50500 : x = 109,83 \\ 71513 : x = 155,42 \end{cases} = 482$$

·Et pour le côté BC, je fais cette analogie :

$$221619 : BC = 516 :: \begin{cases} 33440 : x = 77,85 \\ 44522 : x = 103,66 \\ 21644 : x = 50,33 \\ 50500 : x = 117,57 \\ 71513 : x = 166,59 \end{cases} = 516$$

Le côté AB diffère, en moins en longueur du côté DC, de 12 mètres, ce qui donne une superficie d'un petit triangle de 30 mètres 96 centimètres qu'il faudrait répartir et diviser en cinq parties proportionnelles aux contenances de terrain de chaque portion. On fera une analogie pour ces reprises, en prenant seulement les mille et négligeant les restes, qui donneraient une quantité si minime qu'on ne pourrait la compter sur son décamètre, et on prendra pour diviseur commun la longueur d'une ligne intermédiaire, qu'on obtiendra en ajoutant ensemble les côtés AD et DC, et en prenant la moitié de la somme pour diviseur.

En voici l'analogie :

$$230 : 31 :: \begin{cases} 33 : x = 4,44 \\ 44 : x = 5,93 \\ 21 : x = 2,83 \\ 50 : x = 6,73 \\ 71 : x = 0,00 \end{cases}$$

·La longueur de la ligne diviseur est **493**.

1°. Je divise 4,44 par 493 ; le quotient 0,09 sera la première reprise.

2°. J'ajoute 4,44 à 5,93 ; j'ai 10,37, que je divise par 493 ; le quotient 21 sera la seconde reprise.

3°. J'ajoute 10,37 à 2,83 ; j'ai 13,20, que je divise par 493 ; le quotient 26 sera la troisième reprise.

4°. Enfin, j'ajoute 13,20 à 6,73 ; j'ai 19,93, que je divise par 4,93 ; le quotient 40 sera la quatrième reprise.

Il serait plus court et moins embarrassant de faire

son rapport au cabinet, aussitôt les operations du terrain terminées, et de retourner sur les lieux pour y fixer ses points de division.

BROBLÊME VINGT-SEPTIÈME.

Manière de diviser et régler un canton composé de plu-sieurs rayages.

Soit le pentagone irrégulier ABCDE (*fig.* 27.), qu'il s'agit de diviser, et régler les différents rayages entre eux, et ensuite les subdiviser selon les contenances portées aux titres de propriétés.

Je commence par mesurer le rayage AIGF, lequel se trouve contenir 22000.

Je mesure ensuite le trapézoïde FGDE, contenant 25080.

Je mesure de même le quadrilatère IBKII, lequel contient 26000.

Enfin, je mesure le quadrilatère HKCD, contenant 24160.

Les quatre parties réunies forment ensemble un total de 97240.

Il appartient par titre de propriété au trapézoïde AIGF, 20000; il renferme un excédant de 2000.

Il appartient au trapézoïde FGDE, 24000; il renferme un excédant de 1080.

Il appartient au quadrilatère IBKH, 28000; il éprouve un déficit de 2000.

Il appartient aussi au quadrilatère HKCD, 25240; il éprouve un manquement de terrain de 1080.

Les quantités manquantes se trouvent égales aux excédantes, représentant ensemble 3080.

Les trapézoïdes AIGF et FGDE renferment ensemble 3080 d'excédant, qui manque aux quadrilatères IBKH et HKCD ; il convient de faire cette reprise sur les deux parties qui renferment cet excédant.

La longueur de la ligne ID est de 360 ; je divise donc 3080 par 360 ; le quotient de la division 8,55 est la reprise à faire.

Mais, au point D, il existe une borne de foi que l'on ne peut changer, vu qu'elle sert de limite et de point fixe pour plusieurs cantons et rayages, et que d'ailleurs elle est reconnue par procès-verbaux qui en démontrent l'authenticité ; alors il faut doubler la reprise et prendre ce double de I en L, ce qui formera le triangle IDL, qui contiendra 308 ; le double de la reprise, 8,55, sera 17,13.

Je reprends 2346 sur le trapézoïde AIGE ; il contenait 22000, il lui reste 19654 ; il lui faut par titres 20000, il lui manque 346, que je divise par FG = 132. Le quotient 2 mètres 60 centimètres est la reprise à faire sur le trapézoïde FGDE, et par conséquent, ces deux parties se trouvent réglées.

Le quadrilatère IBKH reprend 2000 sur AIGF ; il contient 26000, en lui ajoutant 2900, il se trouve contenir 28900 ; il lui faut par titres 28000 ; il renferme un excédant de 900, que je divise par KH = 190. Le quotient 4 mètres 72 centimètres sera la reprise à faire sur le quadrilatère IBKH, et tous les rayages se trouveront réglés.

Maintenant il s'agit de passer aux opérations du règlement du parcellaire suivant les titres de propriétés.

On opérera chaque pièce de terre parcellairement, comme il a été enseigné à l'arpentage, à l'article du problême relatif au parcellaire ; puis on fera le tableau suivant qui servira de guide pour la répartition à opérer.

Toutes ces opérations étant terminées, on procédera au bornage des propriétés respectives, et on

rédigera procès-verbal du tout , que l'on fera signer
aux propriétaires conjoinctement avec l'arpenteur.

Suit le tableau qui doit servir à la répartition.

RAYAGES.	CONTENANCES TROUVÉES PAR L'ARPENTAGE.	CONTE- NANCES PAR TITRES.	EXCÉDANTS.	DÉFICIT.
AIGF	1°. 2120	3000	»	880
	2°. 4040	3200	840	»
	3°. 3000	3000	»	»
	4°. 3000	3000	»	»
	5°. 2960	2060	900	»
	6°. 2900	2900	»	»
	7°. 2040	2840	»	800
FGDE	1°. 4000	4800	»	800
	2°. 4600	4600	»	»
	3°. 3900	4600	»	700
	4°. 4300	5000	»	300
	5°. 7200	5000	2200	»
IBKH	1°. 5700	5600	100	»
	2°. 5500	5600	»	100
	3°. 2800	2800	»	»
	4°. 8400	8400	»	»
	5°. 5600	2600	3000	»
HKCD	1°. 5000	6310	»	1310
	2°. 6200	6310	»	110
	3°. 7400	6310	1090	»
	4°. 6640	6310	330	»

PROBLÊME VINGT-HUITIÈME.

Diviser un terrain sur lequel il existe des bâtiments et des servitudes en trois parties égales.

Un père de famille fait le partage de ses biens à ses trois enfants avant de mourir, il se trouve un terrain sur lequel il a construit une maison et des bâtiments, ainsi qu'un four et un puits qui doivent servir à l'usage des trois cohéritiers.

Le four se trouve dans la première partie, et le puits dans la troisième, et chacun des héritiers a droit d'habiter au four et au puits ; en conséquence, il a été laissé une allée d'un mètre 50 centimètres de largeur pour tourner autour des bâtiments et aller au four et au puits au moyen de cette servitude ; est aussi constitué en servitude, un chemin de même largeur, qui mène de la rue au jardin, en passant à travers les bâtiments, pour rejoindre la servitude du derrière de la maison, et les bâtiments resteront divisés en trois parties tels qu'ils ont été construits ; il s'agit donc de diviser la cour et le jardin en trois parties égales, à l'exception des servitudes.

1re. Partie EHCD.   2e. Partie FGHE.

Cour	= 3500		Cour	= 2542
Bâtiments	= 3760		Bâtiments	= 3690
Jardin	= 6240		Jardin	= 6270
Total	= 13500		Total	= 12502

3e. Partie ABGF.

Cour	= 4200
Bâtiments	= 3605
Jardin	= 11640
Total	= 19440

$$(1^{re}. = 13500 + 2^c. = 12502 + 3^c. = 19440) = 45442$$

$$\frac{}{3} = 15147$$

La part du premier est 13500, elle doit être 15147; elle a un manquement de 1647. On ne peut effectuer de reprise sur la partie de la cour, vu qu'elle est limitée par le chemin commun; on ne peut la faire que sur le jardin, en divisant ce manquement par la ligne ER = 70. Divisant 1647 par 70, on aura 23,52 pour première reprise.

La part du second est 12502; on lui en retranche 1647, il lui reste 10855; il doit avoir 15147, elle doit reprendre 4292, qu'il faut diviser par la longueur des lignes G et F, pour avoir cette reprise.

G = 32 + F = 72 = 104, donc 4292/104 = 41,26, deuxième reprise.

Puis, je mène les lignes NO, IK et LM, qui divisent la figure en trois parties égales.

La part du premier est le polygone NORHCD.

Celle du second sera le polygone IKPQLMHRON.

Et celle du troisième est le polygone ABMLQPKI.

Les chemins de servitude ne sont pas compris dans l'arpentage ni dans la division du terrain, puisqu'ils sont communs aux trois parties.

PROBLÈME VINGT-NEUVIÈME.

Manière de diviser un bois pour le mettre en coupes réglées.

On voit que l'on peut facilement circonscrire ce bois, qui est un polygone irrégulier, par un parallélogramme b , e , l , k (*fig.* 29), dont le côté b e = 690 , et le côté e l , = 606 , ce qui donne une superficie de 418140 ares, ou 4181 hectares 40 ares. De cette surface , il faudra en déduire tous les emprunts, et diviser le reste en douze parties égales, qui seront les coupes de taillis à faire exploiter chaque année pendant douze ans.

On divisera les côtés b k et e l , chacun en douze parties égales, et on déduira successivement les emprunts, puis on fera les reprises sur la longueur des lignes provisoires ; après ces reprises faites, on mènera les lignes définitives, qui seront autant de parallèles l'une à l'autre. On fera ouvrir des filets ou layes à l'endroit de chaque division ; on bornera les coupes et on fera le numérotage des bornes pour reconnaître la coupe de chaque année.

S'il n'y avait pas eu d'emprunts à défalquer, chaque douzième aurait été 34845 ares, ou 348 hectares 45 ares ; mais comme il faut déduire à chaque portion les emprunts qui la circonscrivent. Pour mieux s'y reconnaître , on fera le tableau suivant.

NUMÉROS.	DOUZIÈME avec sa CIRCONSCRIPTION	CIRCONSCRIP-TION A RETRANCHER.	DOUZIÈME moins sa CIRCONSCRIPTION
1	34845	11010	23835
2	34845	210	34635
3	34845	»	34845
4	34845	»	34845
5	34845	350	34495
6	34845	1050	33495
7	34845	1750	33095
8	34845	2000	32845
9	34845	2250	32595
10	34845	2906	31839
11	34845	4150	30735
12	34845	20000	14845
		45670	

On a trouvé 45670 d'emprunts à retrancher de 418140, il reste donc en superficie effective 372470, dont le douzième est de 31039,16.

Il ne s'agit plus que de faire la répartition par égalité de chaque coupe annuelle ; pour y parvenir, on opérera ainsi :

Le N°. 1er. contient 23835, il doit contenir 31039 ; il a un manquement de 7204, que je divise par (b e) = 690 ; le quotient 10,44 sera la première reprise.

Le N°. 2 contient 34635 ; on lui retranche 7204, il lui reste 27431 ; il doit contenir 31039, il a un déficit de 3608, que je divise par (b e) = 690 ; le quotient 5,22 sera la deuxième reprise.

Le Nᵒ. 3 contient 34845 ; on lui retranche 3608, il lui reste 31237 ; il doit contenir 31039, il a un excédant de 198, que je divise par (b e) = 690 ; le quotient 0,28 sera la troisième reprise.

Le Nᵒ. 4 contient 34845 ; on lui ajoute 198, ce qui fait 35043 ; il doit contenir 31039 ; il a un excédant de 4004, que je divise par (b e) = 690 ; le quotient 5,80 sera la quatrième reprise.

Le Nᵒ. 5 contient 34495 ; on lui ajoute 4004, ce qui fait 38499 ; il doit contenir 31039 ; il a un excédant de 7460, que je divise par (b e) = 690 ; le quotient 10,81 sera la cinquième reprise.

Le Nᵒ. 6 contient 33495 ; on lui ajoute 7460, ce qui fait 40955 ; il doit contenir 31039 ; il a un excédant de 9916, que je divise par (d d x) = 660 ; le quotient 15,02 sera la sixième reprise.

Le Nᵒ. 7 contient 33095 ; on lui ajoute 9916, ce qui fait 43009 ; il doit contenir 31039 ; il a un excédant de 11970, que je divise par (Z L) = 654 ; le quotient 18,30 sera la septième reprise.

Le Nᵒ. 8 contient 32845 ; on lui ajoute 11970, ce qui fait 44815 ; il doit contenir 31039 ; il a un excédant de 13776, que je divise par (i t) = 654 ; le quotient 21,06 sera la huitième reprise.

Le Nᵒ. 9 contient 32595 ; on lui ajoute 13776, ce qui fait 46371 ; il doit contenir 31039 ; il a un excédant de 15332, que je divise par (Y r) = 640 ; le quotient 23,95 sera la neuvième reprise.

Le Nᵒ. 10 contient 31839 ; on lui ajoute 15332, ce qui fait 47171 ; il doit contenir 31039 ; il a un excédant de 16132, que je divise par (a a o) = 610 ; le quotient 26,44 sera la dixième reprise.

Le Nᵒ. 11 contient 30735 ; on lui ajoute 16132, ce qui fait 46867 ; il doit contenir 31039 ; il a un excédant de 15828 , que je divise par (zu) = 600 ; le quotient 26,38 sera la onzième reprise.

Le N°. 12 se trouvera complété par cette dernière reprise.

BROBLÊME TRENTIÈME.

Diviser une coupe de bois taillis par portions, pour être vendue en détail.

On propose de mettre en coupe 8 hectares de terrain en bois taillis, pour être ensuite subdivisée en parties de vingt ares, à prendre dans une plus grande portion de bois. Je commence par circonscrire arbitrairement dans un parallélogramme environ la contenance demandée, renfermée entre ALNO; je mesure cette portion circonscrite, je trouve qu'elle contient 8 hectares 51 ares 20 centiares. J'ai donc 51 ares 20 centiares d'excédant; je divise 51 ares 20 centiares par NH = 270 ; le quotient 0,18 m'indique que je dois retrancher 0,18 du parallélogramme ALNO.

Je fais abstraction des triangles et trapèzes qui circonscrivent la figure, et je trouve, par l'addition des sommes, un résultat à peu près égal à la reprise de l'excédant; en conséquence, il me reste donc 8 hectares à subdiviser par portions de 20 ares chacune, tel qu'on la demandé.

Pour ce faire, je me place au milieu de la ligne AL au point P , puis, à angle droit, je fais ouvrir dans le bois la ligne PQ; cette ouverture étant faite, je reviens au point P , après avoir divisé la ligne PQ en six parties égales, je pars ensuite du point P jusqu'à concurrence du sixième de la ligne PQ ; puis, me dirigeant sur cette ligne, je fais ouvrir la ligne RS, et ensuite successivement jusqu'au point Q.

Je sais que toutes les portions pleines de ce bois,

suivant le détail, doivent contenir 20 ares chacune, ce qui fait 5 × 4 = 20 ; ensuite je me place dans la ligne de la troisième division, et je fais ouvrir à angles droits toutes les transversales nécessaires ; puis je fais le récolement particulier de chaque portion, qui ont plus ou moins que 20 ares ; j'ajoute le tout ensemble ; ce qui me donne la quantité requise.

AUTRE MANIÈRE
DE DIVISER LE TERRAIN.

PROBLÈME PREMIER.

Partager le Quadrilatère ABCD en deux parties égales.

Du point D (*fig.* 1ʳᵉ.), on mènera la parallèle DE; on divisera cette parallèle en deux parties égales au point F ; on partagera de même la ligne AB en deux parties égales au point G.

On mènera la ligne brisée FG ; le trapèze ABDE sera divisé en deux parties égales. On mènera ensuite la ligne brisée FC, qui divisera le triangle en deux triangles égaux, FEC et FGD ; puis on joindra CG par une ligne ponctuée, et du point F on mènera FH, qui rencontre la ligne CD en H ; on tracera cette ligne GH, qui divisera le quadrilatère ABCD en deux parties égales.

PROBLÈME DEUXIÈME.

Diviser un Trapézoïde en trois parties égales.

Du point D (*fig.* 2.), on mènera la parallèle DL ; on divisera cette parallèle en trois parties égales aux points E et F ; on divisera de même le côté BC aux points G et H.

On mènera la ligne GE, et du point E, on mènera la ligne EI parallèle à la ligne GA, qui coupera la ligne AD au point I ; puis, par les points I et G, je mène la ligne GI, qui donnera le tiers de la figure.

Du point H on mènera la ligne HI, et la ligne HF du point F ; on mènera la ligne FK parallèle à HI ; la ligne FK coupera la ligne AD, au point K ; puis par ce point et par le point H, je mène la ligne KH, qui sera la seconde division pour les deux tiers de la figure.

Le troisième tiers se trouvera divisé par lui-même, et on aura les trapézoïdes ABGI, IGHK et KHCD égaux en surface.

PROBLÊME TROISIÈME.

Diviser un Quadrilatère en quatre parties égales.

On divisera la base CD en quatre parties égales aux points EFG.

Du point A on mènera la ligne AO parallèle à CD, que l'on divisera également en quatre parties égales aux points HIJ, qui sont les points de division ; ensuite on mènera les droites BJ, JE, BI, IE, BH, HG ; ces lignes diviseront le quadrilatère en quatre parties égales.

Mais comme il y aurait trop de difformité dans ces figures, on y suppléera de la manière suivante.

1°. On mènera la ligne BE au point J ; on mènera une parallèle à la ligne BE, qui rencontrera la ligne AB au point K, et du point K on mènera la ligne KE, qui sera la ligne séparative du premier quart.

2°. On mènera la ligne BF au point I ; on mènera une parallèle à la ligne BF, qui rencontrera la ligne

AB en L; on mènera une ligne du point L au point F ; cette ligne LF formera le second quart.

3°. On mènera la ligne BG au point H ; on mènera une parallèle à BG, qui rencontrera la ligne AB en M ; on mènera une ligne du point M au point G ; cette ligne de séparation formera le troisième quart.

La quatrième part se trouve formée naturellement.

En suivant cette méthode, il sera possible de diviser un quadrilatère quelconque en autant de parties égales que l'on voudra.

PROBLÊME QUATRIÈME.

Diviser un Quadrilatère en deux parties inégales.

Soit le quadrilatère ABCD (*fig. 4.*), qu'on dit être de la contenance de 15120 ares, et qu'il s'agit de diviser en deux parties inégales, l'une de 4980, et l'autre de 10140.

On mènera du point D la ligne DE parallèle au côté BC, puis on fera l'analogie suivante pour la ligne DE,

$$15120 : 136 :: 4980 : x = 44,79$$

On fera cette autre analogie pour le côté BC :

$$15120 : 166 :: 4980 : x = 48,06$$

On portera sur la ligne DE, 44,79, de E en G, et 48,06 de B en H ; on mènera la ligne HA du point H à l'angle A ; du même point H, on mènera la ligne HG, puis du point G on mènera GF parallèle à HA, qui rencontrera la ligne AD au point F. Puis, par les points F et H, on mènera la ligne FH, et l'on aura le quadrilatère ABHF, qui contiendra 4980, et le quadrilatère FHCD, qui contiendra 10140.

PROBLÊME CINQUIÈME.

Partager un Trapézoïde en trois parties inégales.

Du point C on mènera la ligne CE parallèle au côté BD. Le trapézoïde ABDC est renommé contenir 20145, qu'il s'agit de partager en trois parties inégales, telles que : 1°. 7400 ; 2°. 5000, et 3°. 7745.

Le côté CE étant 132, on fera cette analogie :

$$20145 \; : \; 132 \; :: \; \begin{cases} 7400 \; : \; x = 48,48 \\ 5000 \; : \; x = 32,77 \\ 7745 \; : \; x = 50,75 \end{cases}$$

Le côté BD étant 186, on fera cette autre analogie :

$$20145 \; : \; 186 \; :: \; \begin{cases} 7400 \; : \; x = 68,32 \\ 5000 \; : \; x = 46,16 \\ 7745 \; : \; x = 71,52 \end{cases}$$

On portera sur la ligne EC, 48,48, de E en F, et 32,77, de F en G.

On portera sur le côté BD, 68,32, de B en J, et 46,16, de J en K.

On mènera les lignes JA et KA à l'angle A , et les lignes JF et KG, qui rencontreront la ligne CE.

Du point F on mènera la ligne FH parallèle à la ligne JA, qui rencontrera le côté AC au point H ; puis, par le point H et par le point J, on mènera la ligne JH, qui sera la première partie de 7400.

Du point G on mènera la ligne GI parallèle à la ligne KA, qui se rencontrera au côté AC au point I ; puis, par les points I et K on mènera la ligne IK, qui sera la seconde partie égale à 5000.

La troisième partie, de 7745, se trouve divisé par les deux autres.

11

PROBLÊME SIXIÈME.

Partager un Quadrilatère en quatre parties inégales.

Soit le quadrilatère ADCB (*fig.* 6.), renommé contenir 20358, qu'il s'agit de diviser en quatre parties inégales, dont la première doit avoir 7000, la deuxième 3000, la troisième 1500, et la quatrième 8858.

On mènera du point B la ligne BZ parallèle au côté DC ; puis on divisera les côtés BZ et DC chacun en parties proportionnelles aux contenances que chaque portion doit avoir, et pour mettre ces côtés en proportion, on fera cette analogie pour le côté BZ.

$$20358 : 128 :: \begin{cases} 7000 : x = 44,01 \\ 3000 : x = 19,35 \\ 1500 : x = 9,67 \\ 8858 : x = 54,97 \end{cases}$$

Et pour le côté DC, on fera cette analogie :

$$20358 : 190 :: \begin{cases} 7000 : x = 69,33 \\ 3000 : x = 27,99 \\ 1500 : x = 13,99 \\ 8858 : x = 82,69 \end{cases}$$

On portera 44,01 de Z en E, 19,35 de E en F, et 9,67 de F en G.

On portera de même 65,33 de D en H, 27,99 de H en I, et 13,99 de I en K.

On mènera la ligne HA à l'angle A, et du point H au point E on mènera la ligne HE ; puis du point E on mènera la ligne FL parallèle à la ligne HA, qui rencontrera la ligne AB au point L, et du point L au point H on mènera la ligne LH, qui sera la première division pour 7000.

Du point I, on mènera la ligne IA à l'angle A, et du même point I au point F on mènera la ligne IF, du point F on mènera la ligne FM parallèle à la ligne IA, qui rencontrera le côté AB au point M, et par ce point et par le point I on mènera la ligne MI, qui sera la seconde division pour 3000.

Et du point K on mènera la ligne KA à l'angle A, du même point K au point G on mènera la ligne KG; puis, du point G, on mènera la ligne GN parallèle à KA, qui rencontrera le côté AB au point N; par ce point et par le point K, on mènera la ligne NK, qui sera la troisième division pour 1500.

La quatrième portion se trouve divisée par les trois autres pour 8858.

PROBLÊME SEPTIÈME.

Diviser un Trapézoïde en cinq parties inégales.

Que le trapézoïde NRSO (*fig.* 7.), soit proposé pour être partagé en cinq parties inégales, que la figure soit renommée contenir 27000, et que la première portion soit 5000, la seconde 6000, la troisième 8000, la quatrième 4000, et la cinquième 4000.

Du point O on mènera la ligne OV parallèle au côté RS.

On divisera cette ligne OV et le côté RS en parties proportionnelles relativement aux contenances à diviser. Pour la ligne OV, on fera cette analogie :

$$27000 \; : \; 172 \; :: \; \begin{cases} 5000 \; : \; x = 31,85 \\ 6000 \; : \; x = 38,22 \\ 8000 \; : \; x = 50,88 \\ 4000 \; : \; x = 25,44 \\ 4000 \; : \; x = 25,61 \end{cases}$$

Et pour le côté RS, on fera cette autre analogie :

$$27000 \;:\; 248 \;::\; \begin{cases} 5000 \;:\; x = 45,92 \\ 6000 \;:\; x = 55,11 \\ 8000 \;:\; x = 73,48 \\ 4000 \;:\; x = 36,74 \\ 4000 \;:\; x = 36,75 \end{cases}$$

On mènera la ligne IN du point I à l'angle N; du même point I au point A on mènera la ligne IA, et du point A on mènera la ligne AE parallèle à la ligne IN, qui rencontrera le côté NO, au point E; de ce point E au point I, on mènera la ligne EI, qui sera la première portion de 5000.

On mènera la ligne KN, à partir du point K à l'angle N; de ce point K au point B, on mènera la ligne KB; puis du point B on mènera BF parallèle à KN, qui rencontrera NO, au point E; de ce point au point K, on mènera la ligne FK, qui sera la seconde portion de 6000.

Du point L, on mènera à l'angle N la ligne LN; du même point L au point C, on mènera la ligne LC; du même point C on mènera CG parallèle à LN, qui rencontrera NO au point G; de ce point, et par le point L on mènera la ligne GL, qui sera la troisième division de 8000.

Du point Q, on mènera la ligne QN à l'angle N; du même point Q au point D, on mènera la ligne QD; du point D on mènera DH parallèle à QN, qui rencontrera NO au point H; puis, par ce point et par le point Q, on mènera la ligne HQ, qui sera la quatrième division de 4000.

La quatrième partie de 4000 se trouve divisée par les quatre autres.

PROBLÈME HUITIÈME.

Partager un Pentagone régulier en trois parties égales.

On cherchera d'abord le centre C ; du centre C, on mènera une ligne à volonté à l'un des sommets de ses côtés, on suppose A. On divisera chaque côté du pentagone en trois parties égales, **1, 2, 3** ; on mènera des divisions de cinq en cinq, de la manière dont elles sont menées, et les lignes AC, BC et CD partageront le pentagone en trois parties égales.

PROBLÈME NEUVIÈME.

Mener une ligne parallèle à une autre ligne sur le terrain.

Qu'il soit question de diviser le quadrilatère ABDC (*figure unique*) en deux portions égales.

On voit que pour y parvenir, il faut mener la ligne EC parallèle au côté BD.

Pour mener cette ligne, on prolongera le côté BD jusqu'au point K ; de ce point, on dirigera deux pinnules de l'équerre sur le point B, et les deux autres sur le point C.

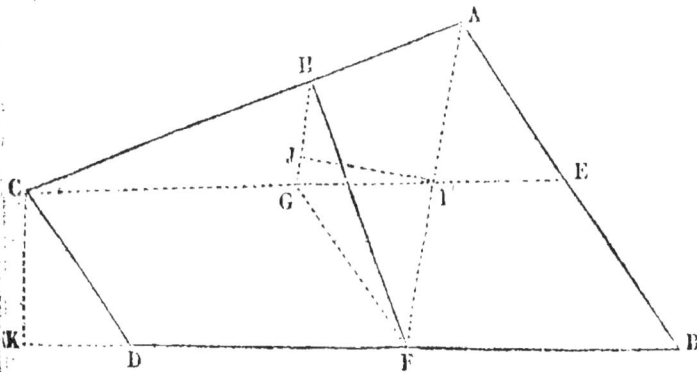

Du point C on fixera deux pinnules de l'équerre sur le point K , et les deux autres se trouveront fixées à angle droit sur le point E ; puis, par le point C et par le point E, on mènera la ligne CE , qui sera parallèle au côté BD.

Comme il est nécessaire, pour obtenir la division de mener une autre parallèle à la ligne FA, on placera l'équerre au point I ; de ce point on dirigera deux pinnules sur le point A ; on se retournera à angle droit vers le point J, entre HG, et du point J on fixera deux pinnules sur le point G ; puis, par les points G et J, on prolongera la ligne GJ jusqu'en H, et la ligne GH sera parallèle à la ligne FA.

Puis, par les points H et F, on mènera la ligne HF, qui partagera la figure en deux portions égales en superficie.

Cette méthode est d'autant plus laconique qu'elle s'exécute géométriquement sans calcul.

FIN DE LA GÉODÉSIE.

TABLE DES MATIÈRES.

De la Division en parties inégales.

Autre Manière de diviser le Terrain.

FIN DE LA TABLE DE LA GÉODÉSIE.

Pl.1

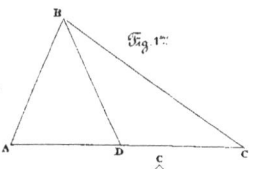

Fig. 1.

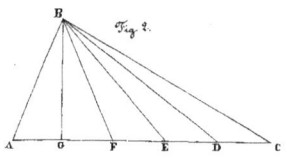

Fig. 2.

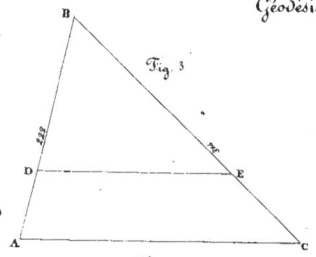

Fig. 3.

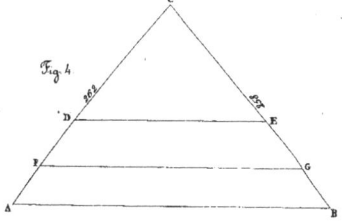

Fig. 4.

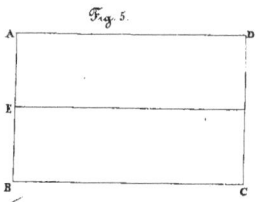

Fig. 5.

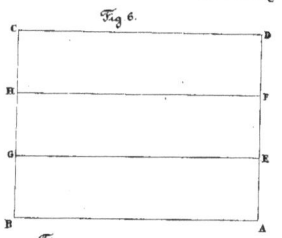

Fig. 6.

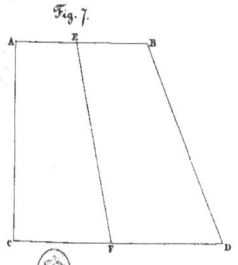

Fig. 7.

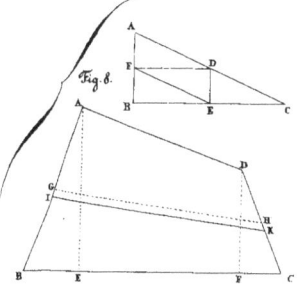

Fig. 8.

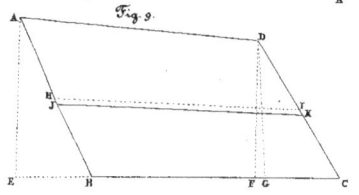

Fig. 9.

Pl. II

Fig. 10

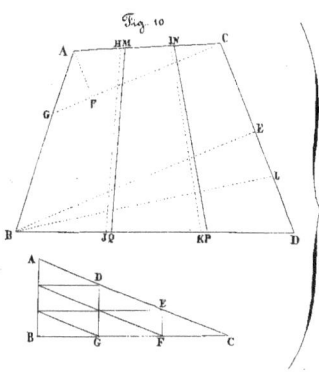

Fig. 11

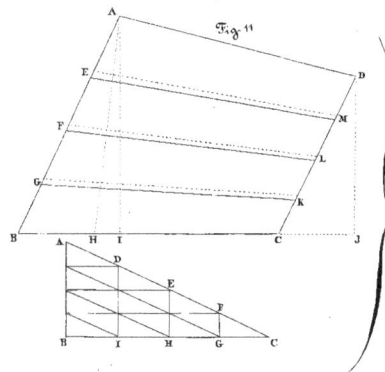

Fig. 12

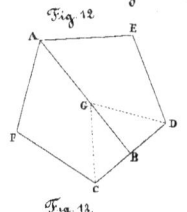

Fig. 13

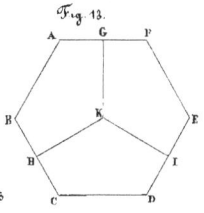

Fig. 14

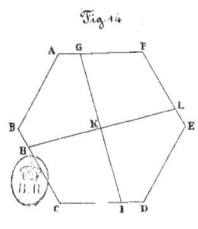

Fig. 15

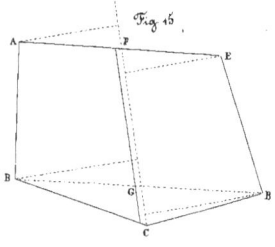

Fig. 16

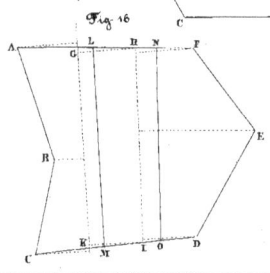

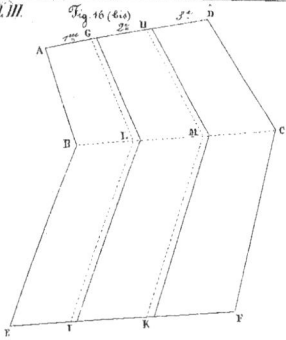

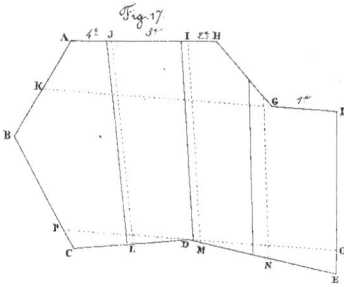

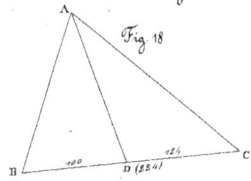

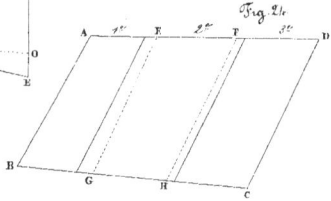

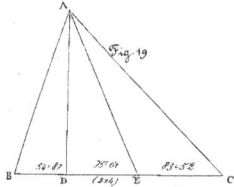

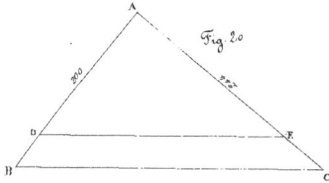

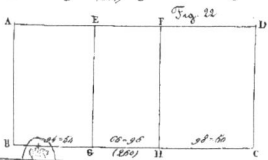

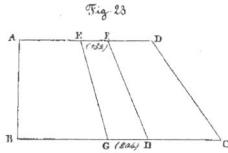

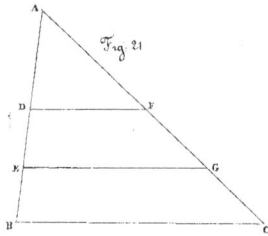

Pl. III.

Fig. 16 (bis)

Fig. 17

Fig. 18

Fig. 19

Fig. 20

Fig. 21 (bis)

Fig. 21

Fig. 22

Fig. 23

Pl. IV.

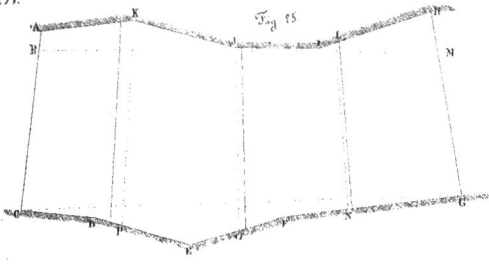

Fig. 25

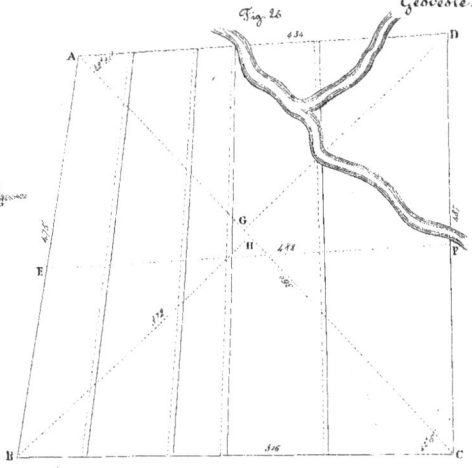

Fig. 26

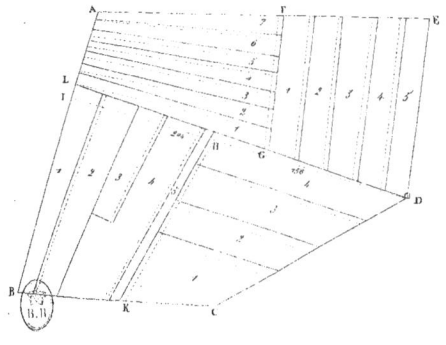

Fig. 27

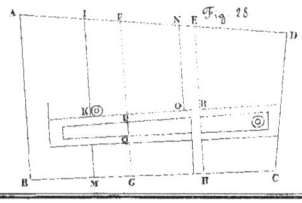

Fig. 28

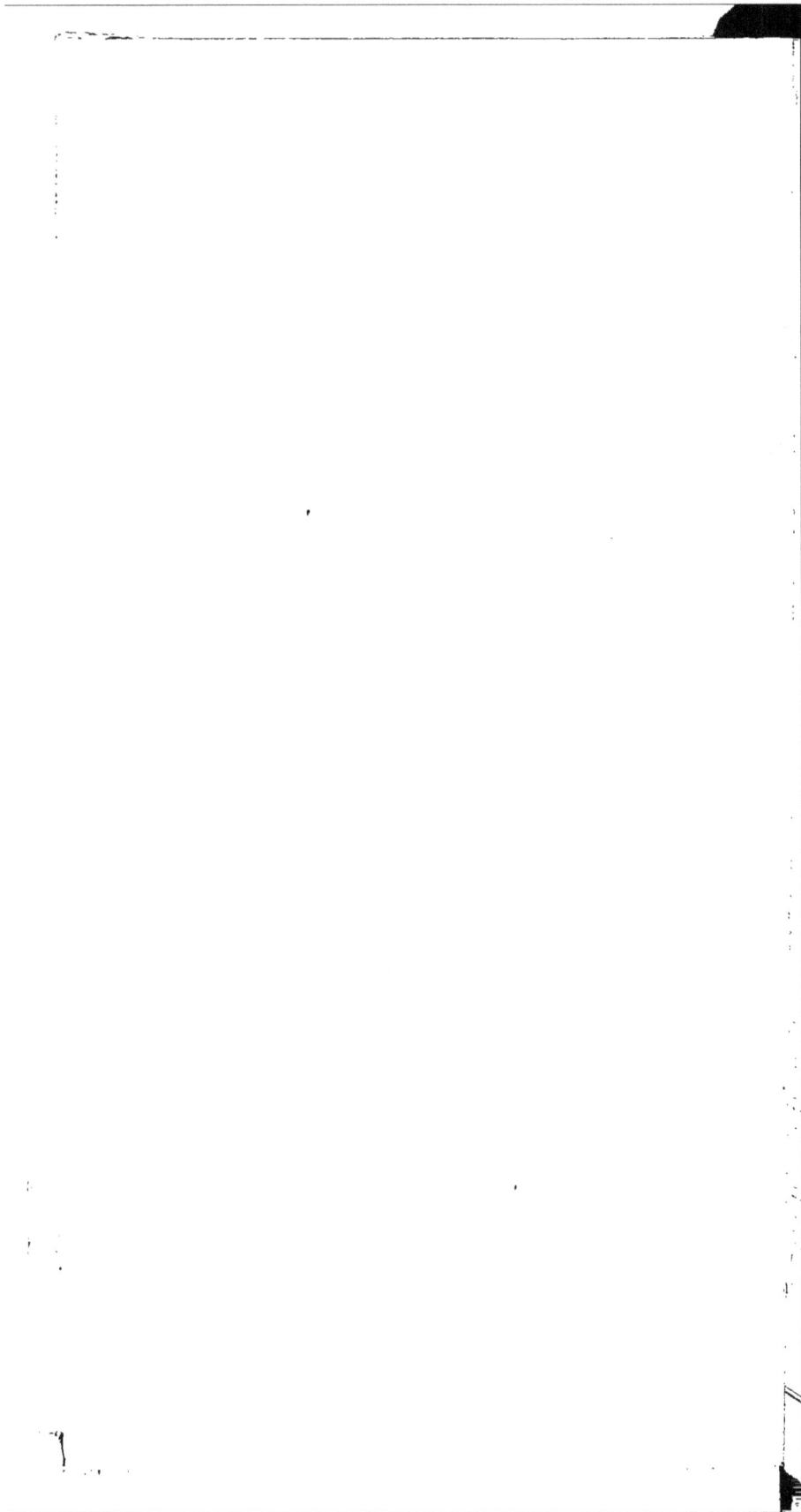

Pl. V.

Fig. 29

Fig. 30

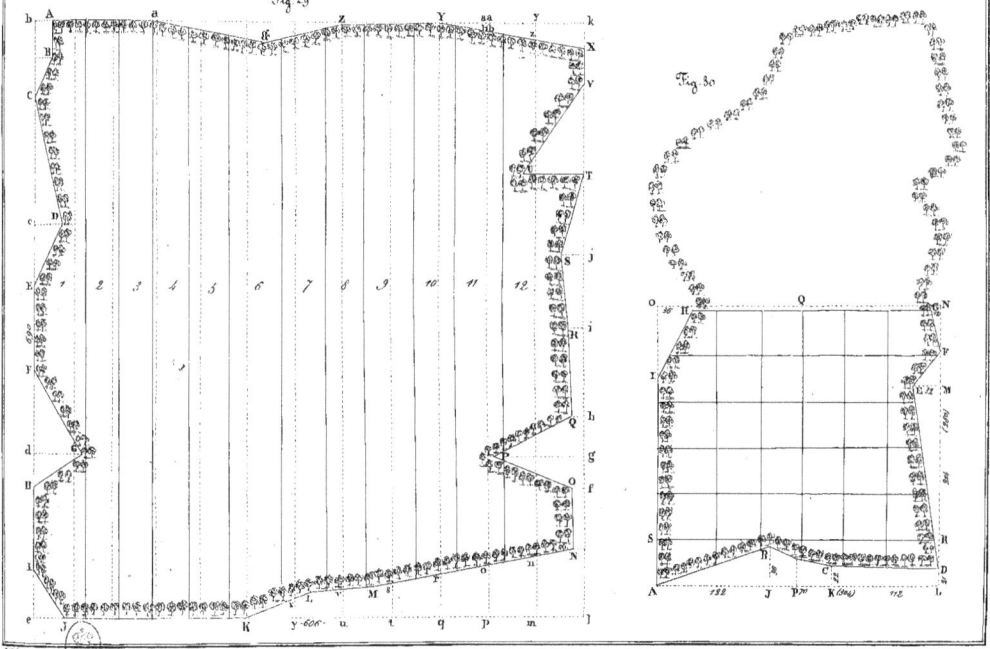

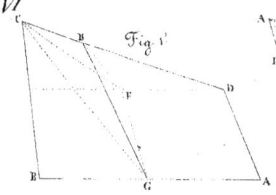

Fig. 1.

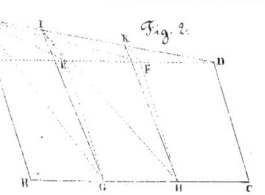

Fig. 2.

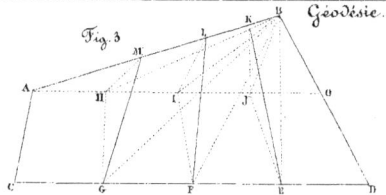

Fig. 3.

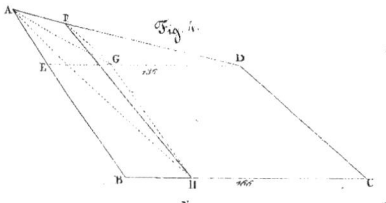

Fig. 4.

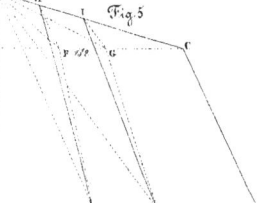

Fig. 5.

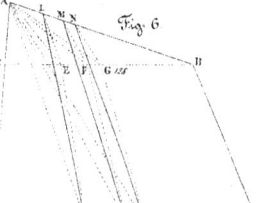

Fig. 6.

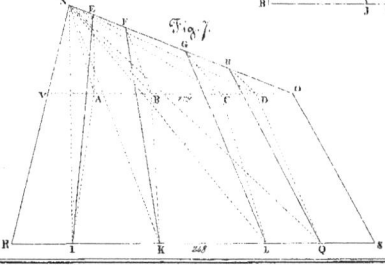

Fig. 7.

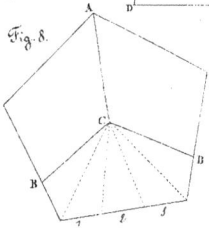

Fig. 8.

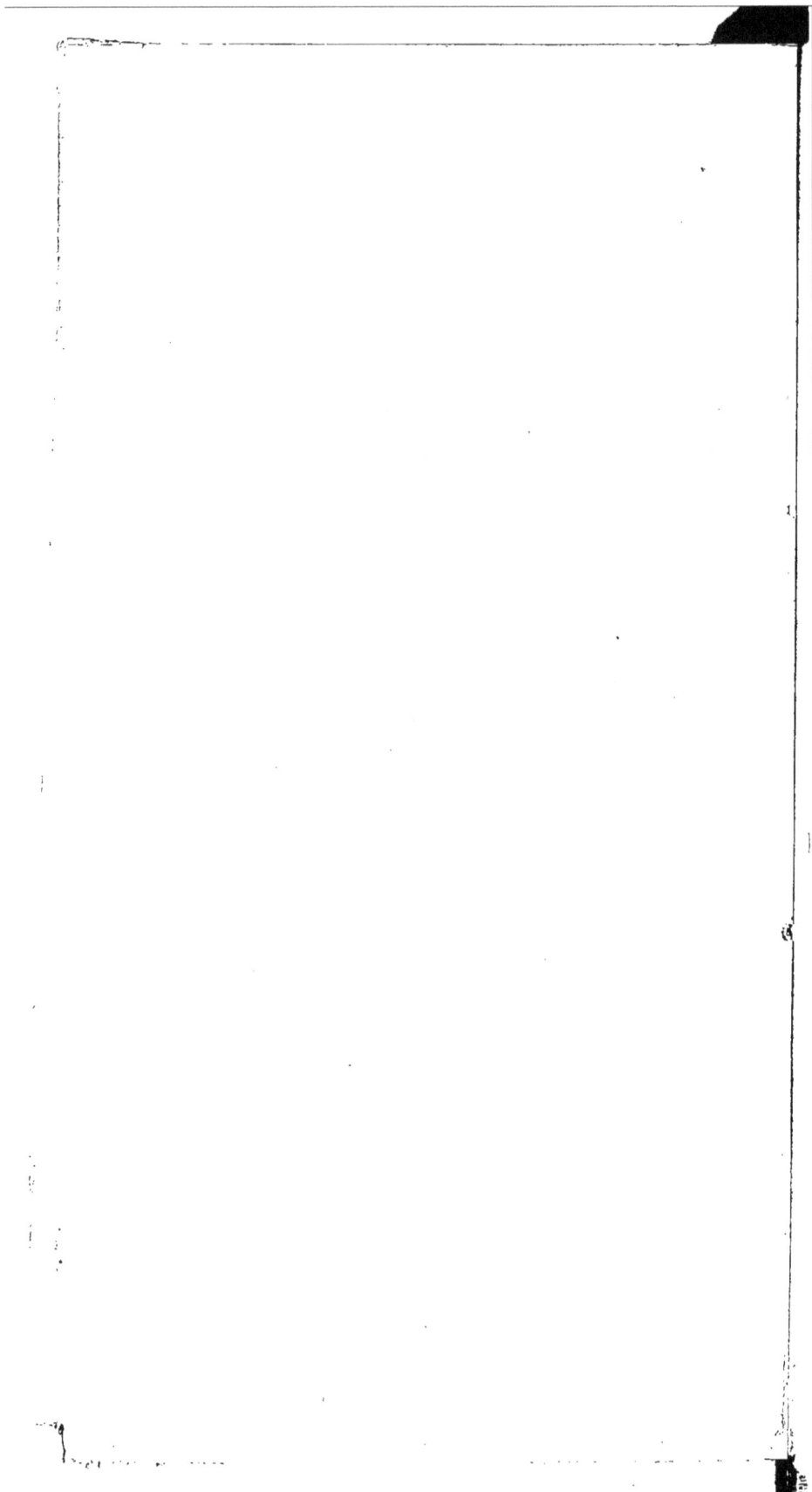

TRAITÉ

DE LA

STÉRÉOMÉTRIE

PRATIQUE,

OU

DE LA MESURE DES CORPS SOLIDES.

1. 2

TRAITÉ

DE LA

STÉRÉOMÉTRIE PRATIQUE,

OU

DE LA MESURE DES CORPS SOLIDES.

DÉFINITIONS.

Un prisme est un solide engendré par un plan qui se meut parallèlement à lui-même, le long d'une droite.

On dit prisme triangulaire, quadrangulaire, selon que leurs bases sont des triangles óu des quadrilatères, etc.

Un prisme est droit ou oblique, suivant que les arêtes sont perpendiculaires ou obliques au plan générateur.

Un Parallélipipède est un prisme dont la base est un parallélogramme; on le nomme parallélipipède rectangle lorsqu'il est droit, et que sa base est un rectangle.

Le Cube est un parallélipipède rectangle, dont la base est carrée, et la hauteur égale au côté de ce carré.

Le Cylindre est un prisme dont la base est un cercle, et l'on nomme axe du cylindre la droite qui joint les centres des deux bases opposées.

Une Pyramide est un solide terminé par un polygone qui lui sert de base , et par autant de faces triangulaires qu'il y a de côtés dans cette base, lesquelles se réunissent en un même point, qu'on appèle sommet de la pyramide.

Une pyramide est régulière lorsque le polygone qui lui sert de base est régulier, et qu'en même temps la perpendiculaire abaissée du sommet passe par le centre de ce polygone.

Un Cône est une pyramide dont la base est un cercle; il est droit ou oblique , suivant que la droite menée du sommet au centre de la base est perpendiculaire ou oblique à cette base.

La Sphère est un solide engendré par la révolution d'un demi-cercle autour de son diamètre.

On appèle grand cercle de la sphère, celui qui a même diamètre que la sphère.

Le Secteur sphérique est un solide engendré par la révolution d'un secteur circulaire autour du rayon, et l'on nomme calotte sphérique la surface engendrée dans cette révolution par l'arc du secteur circulaire.

Le Segment sphérique est un solide formé par la révolution d'un demi-segment circulaire autour de sa flèche.

DES SURFACES.

PROBLÊME PREMIER.

Mesurer la surface d'un prisme.

La surface d'un prisme, sans y comprendre ses deux bases, est égale au produit de la directrice multipliée par le contour d'une section sur laquelle cette directrice est perpendiculaire.

On multipliera le contour d'une des bases par la hauteur de la directrice; le produit sera la surface requise (*fig.* **1**er.)

EXEMPLE :

$(CD = 8 + CB = 6 + BD = 6) = 20 \times AB = 12;$
$= 240.$
Ou $(CBD = 20 \times AB = 12) = 240.$

La surface de ce prisme sera donc de 240 mètres.

On peut conclure que le prisme étant droit, la surface, sans y comprendre ses deux bases, est égale au contour de sa base multipliée par sa hauteur.

PROBLÊME DEUXIÈME.

Mesurer la surface d'un cylindre droit.

La surface d'un cylindre droit, non-compris ses deux bases, est égale au contour de sa base multipliée par sa hauteur (*fig.* 2).

On commencera par trouver la circonférence du cercle qui sert de base au cylindre, et on multipliera cette circonférence par sa hauteur.

EXEMPLE :

$7 : 22 :: AB = 7,40 : x = 23,25$ circ. du cercle ABD.

(134)

Or (circ. ABD = 23,25 × AC = 15) 348,75.

Donc la surface du cylindre sera de 348 mètres 75 centimètres.

PROBLÊME TROISIÈME.

Mesurer la surface d'une pyramide.

La surface d'une pyramide régulière est égale au contour de sa base multipliée par la moitié de l'apothème de la pyramide (*fig.* 3).

Soit CD = 6, un des côtés du pentagone qui sert de base à la pyramide. On multipliera 6 par 5, qui sera 30 pour le contour; on multipliera également par la moitié de l'apothème AB = 9,50 ; le produit sera la surface requise.

EXEMPLE :

CD = 6 × 5 = 30, et 30 × ½ AB = 9,50 = 285.

Donc, 285 est la surface demandée.

PROBLÊME QUATRIÈME.

Mesurer la surface d'un cône droit.

La surface d'un cône droit est égale au produit de la circonférence de sa base, par la moitié du côté de ce cône (*fig.* 4.)

On mesurera la circonférence de la base du cône, et multipliera cette circonférence par la moitié de son côté.

EXEMPLE :

7 : 22 :: AC = 9,60 : x = 30,17, circ. du cercle.

Et (30,17 × ½ AE = 7,50) = 216,27.

Donc, 216,27 sera la surface du cône.

PROBLÊME CINQUIÈME.

Mesurer la surface d'un cône droit tronqué.

La surface d'un cône droit tronqué à bases parallèles, est égale au produit du côté de ce cône, par la section faite à égale distance des bases opposées (*fig.* 5).

On mesurera les deux circonférences ABCD et EFGH ; on les y ajoutera ensemble ; ensuite on en prendra la moitié, qui sera la section faite à égale distance des bases opposées, que l'on multipliera par le côté du cône.

EXEMPLE :

$7 : 22 :: AC = 8 : x = 25,14.$

$7 : 22 :: EG = 4 : x = 12,57.$

$$\left(\frac{25,14 + 12,57 = 37,71}{2} \right) = 18,85.$$

Or, $18,85 \times AE = 11,50 = 206,77.$

Donc la surface de ce cône tronqué est de 206,77.

PROBLÊME SIXIÈME.

Mesurer la surface d'une sphère.

La surface d'une sphère est égale au produit de la circonférence d'un de ses grands cercles multipliée par le diamètre (*fig.* 6).

Elle est égale à la surface convexe du cylindre circonscrit.

Elle est aussi quadruple de celle de son grand cercle.

Pour mesurer la surface de la sphère, il faut avoir

la circonférence d'un de ses grands cercles, et multiplier cette circonférence par le diamètre.

EXEMPLE :

7 : 22 :: AB = 11 : x = 34,57.

Or (34,57 × AB = 11) = 380,27.

Ou (34,57 × $\frac{1}{4}$ AB = 2,75) = 95,0675 pour surface d'un grand cercle.

Donc (95,0675 × 4) = 380,27 pour la surface de la sphère.

PROBLÊME SEPTIÈME.

Mesurer la surface d'une calotte sphérique.

La surface d'une calotte sphérique est égale au produit de sa flèche par la circonférence de l'un des grands cercles de la sphère (*fig.* 7).

On commencera par trouver la circonférence d'un des grands cercles de la sphère ; puis, multiplier cette circonférence par la flèche BD de la calotte sphérique ; le produit sera la surface demandée.

EXEMPLE :

7 : 22 :: EF = 15,40 : x = 48,40.

48,40 est la circonférence d'un grand cercle, qu'il faut multiplier par la flèche BD = 3,60 ; le produit sera 174,24 pour la surface de la calotte sphérique ABC.

DES SOLIDES.

PROBLÈME HUITIÈME.

Mesurer la solidité d'un prisme droit.

La solidité d'un prisme quelconque est égale au produit de sa base par sa hauteur (*fig.* 8).

Il faut mesurer la superficie du triangle qui lui sert de base, et le multiplier par la hauteur du prisme.

EXEMPLE :

TRIANGLE ABC.

$(AC = 5 \times \frac{1}{2} EB = 3) = 15.$

La superficie du triangle ABC, sera donc 15.

Donc, en multipliant 15 par $AD = 20$, le produit sera 300 pour la solidité du prisme. $(ABC = 15 \times AD = 20) = 300.$

PROBLÈME NEUVIÈME.

Mesurer la solidité d'un prisme oblique.

On mesurera pareillement la superficie du triangle qui lui sert de base, et on multipliera cette superficie pour la longueur de la directrice ou perpendiculaire HI, qui sera la hauteur du prisme oblique.

EXEMPLE :

TRIANGLE EGF.

$(EG = 7 \times \frac{1}{2} JF = 3) = 21$ pour superficie de la base; ensuite on multipliera 21 par la longueur de la directrice, ou la hauteur $HI = 22$; le produit 462 sera la solidité du prisme oblique.

Donc (sup. $EFG = 21 \times HI = 22$) $= 462$.

PROBLÊME DIXIÈME.

Mesurer la solidité d'un cube.

La solidité d'un cube est égale au produit d'un de ses côtés multiplié par ce même côté, et multiplié une seconde fois par ce même côté (*fig.* 10).

EXEMPLE :

Soit ($AB = 10 \times AB = 10$) $= 100$, et ($100 \times AB = 10$) $= 1,000$.

Donc, 1,000 sera la solidité du cube.

PROBLÊME ONZIÈME.

Mesurer la solidité d'un parallélipipède.

La solidité d'un parallélipipède est égale au produit de sa base multipliée par sa hauteur. (*fig.* 11.)

Le parallélipipède ayant pour base un parallélogramme, on multipliera la surface de ce parallélogramme par la hauteur du parallélipipède, et produit sera la solidité requise.

EXEMPLE :

($DC = 16 \times CB = 8$) $= 128$, et ($128 \times DE = 22$) $= 2816$.

Donc, 2816 sera le solide du parallélipipède.

PROBLÊME DOUZIÈME.

Mesurer la solidité d'une pyramide.

La solidité d'une pyramide ou d'un cône est

égale au tiers du produit de sa base multipliée par
sa hauteur.

Soit la pyramide triangulaire (*fig.* 12), dont un côté
est oblique ; on mesurera la surface du triangle qui
lui sert de base , puis l'on prendra le tiers du produit
qu'on multipliera par la hauteur de la directrice ED ;
le produit sera la solidité.

EXEMPLE :

(AC $= 12 \times \frac{1}{2}$ FB $= 4$) $= 48$, dont le $\frac{1}{3}$ de
48 $= 16$.

Or ($16 \times$ ED $= 18$) $= 288$ pour la solidité de la
pyramide.

PROBLÈME TREIZIÈME.

Mesurer la solidité d'une pyramide oblique.

Soit la pyramide quadrangulaire oblique (*fig.* 13).
On mesurera la surface du parallélogramme qui lui
sert de base ; on prendra le tiers du produit qu'on
multipliera par la hauteur de la directrice EF ; le
produit sera la solidité.

EXEMPLE :

(DA $= 12 \times$ AB $= 10$) $= 120$, dont le $\frac{1}{3}$ de 120
$= 40$.

Et ($40 \times$ EF $= 28$) $= 1120$ pour la solidité de la
pyramide oblique.

PROBLÈME QUATORZIÈME.

Mesurer la solidité d'une pyramide droite.

Soit la pyramide pentagonale droite (*fig.* 14). On
mesurera la surface du pentagone qui lui sert de base ;
on prendra ensuite le tiers du produit qu'on multipliera par la hauteur de l'apothème EB : le produit
sera la solidité.

EXEMPLE :

TRIANGLE ABC.

$(AC = 8 \times \frac{1}{2} \, BD = 3) = 24$, et $(24 \times 5) = 120$ dont le $\frac{1}{3} = 40$.

Or $(40 \times EB = 22) = 880$ pour la solidité de la pyramide droite.

PROBLÊME QUINZIÈME.

Mesurer la solidité d'un cône droit.

On a déjà dit que la solidité d'un cône était égale au tiers du produit de sa base multipliée par sa hauteur.

Que le cône droit (*fig.* 15) soit proposé à mesurer. On mesurera la circonférence de sa base, puis la superficie ; on prendra ensuite le tiers du produit qu'on multipliera par la hauteur de l'apothème DC ; la produit de la solidité requise.

EXEMPLE :

$7 : 22 :: AB = 18 : x = 56,57$, et $(56,57 \times \frac{1}{4}$ $AB = 4,50) = 254,565$; (le $\frac{1}{3}$ de $254,565 = 84,841$ $\times DC = 18) = 1517,138$ pour la solidité.

PROBLÊME SEIZIÈME.

Mesurer la solidité d'un cône oblique.

Soit le cône oblique (*fig.* 16), dont on veut avoir la solidité. On mesurera la superficie du cercle qui lui sert de base ; puis l'on prendra le tiers du produit, qu'on multipliera par la hauteur de la directrice DC ; le produit sera la solidité.

EXEMPLE :

7 : 22 :: AB = 10 : x = 31,428 , et (31,428 × $^1/_4$ AB = 2,50) = 78,57. Le $^1/_3$ de 78,57 = 26,19 , et (26,19 × DC = 19) = 497,61 pour la solidité.

PROBLÊME DIX-SEPTIÈME.

Mesurer la solidité d'un cône tronqué.

Soit le cône tronqué (*fig.* 17), dont on veut connaître la solidité. On mesurera le cône entier, comme un cône droit; de même on mesurera séparément le petit cône formé par le prolongement des côtés; on retranchera la solidité de ce petit cône, de celle du cône droit; le reste sera la solidité du cône tronqué.

EXEMPLE :

7 : 22 :: AB = 15 : x = 47,14, et (47,14 × $^1/_4$ AB = 3,75) = 176,775, dont le $^1/_3$ = 58,925, et (58,925 × CF = 21) = 1237,425 pour solidité du cône droit.

Il s'agit maintenant de mesurer la solidité du petit cône EFF, pour être retranché du cône total; on dira :

7 : 22 :: EF = 6 : x = 18,57, et (18,57 × $^1/_4$ EF = 1,50) = 27,855, dont le $^1/_3$ = 9,285; et (9,285 × FD = 8) = 74,28 pour la solidité du petit cône à retrancher.

Or, 1237,425 — 74,28 = 1163,145.

Donc, 1163,145 sera la solidité du cône tronqué dont il s'agit.

PROBLÊME DIX-HUITIÈME.

Mesurer la solidité d'un cylindre droit.

La solidité d'un cylindre est égale à la superficie de sa base circulaire multipliée par sa hauteur.

Soit le cylindre (*fig.* 18) dont on veut connaître la solidité. On mesurera la superficie de sa base circulaire, qu'on multipliera par la hauteur du cylindre ; le produit sera la solidité.

EXEMPLE :

7 : 22 :: AB = 13 : x = 40,857 , et (40,857 × $^1/_4$ AB = 3,25) = 132,84375, et (132,84375 × AC = 20) = 2656,875 pour la solidité.

PROBLÊME DIX-NEUVIÈME.

Mesurer la solidité d'un cylindre oblique.

Soit le cylindre oblique (*fig.* 19), dont on désire connaître la solidité. On mesurera la superficie de sa base, qu'on multipliera par la hauteur de la directrice CD.

EXEMPLE :

7 : 22 :: 7 : x = 22, et (22 × $^1/_4$ AB = 1,75) = 38,50, et (38,50 × CD = 21) = 208,50 pour la solidité.

PROBLÊME VINGTIÈME.

Soit proposé de mesurer la solidité cylindrique de la maçonnerie d'une tour ou d'un puits, etc. (*fig.* 20).

On mesurera tout le cylindre comme s'il était plein et comme un cylindre droit ; on mesurera ensuite le

cylindre vide intérieur de la même manière, comme
s'il était solide, et on le retranchera du cylindre total ; le reste sera la solidité de la maçonnerie cylindrique.

EXEMPLE :

7 : 22 :: AB = 12 : x = 37,71 , et (37,71 × $\frac{1}{4}$ AB
= 3) = 113,13, et (113,13 × AE = 21) = 2375,73.

Puis, pour le cylindre intérieur, on fera :

7 : 22 :: CD = 8 : x = 25,14, et (25,14 × $\frac{1}{4}$ CD
= 2) = 50,28 ; puis (50,28 × AE = 21) = 1055,88.

Donc, 2375,73 — 1055,88 = 1319,85 pour la solidité de la maçonnerie.

PROBLÊME VINGT-ET-UNIÈME.

Mesurer la solidité d'une sphère.

La solidité d'une sphère est égale aux deux tiers
du cylindre circonscrit ; elle est encore égale à
sa surface multipliée par le tiers du rayon.

Soit la sphère inscrite dans le cylindre ABCD (*fig.* 21),
dont on veut avoir la solidité. On mesurera la solidité
du cylindre circonscrit, comme il a été enseigné, et
les deux tiers de son produit seront la solidité de la
sphère.

EXEMPLE :

7 : 22 :: AB = 12 : x = 37,71, et (37,71 × $\frac{1}{4}$ AB
= 3) = 113,13, et (113,13 × AC = 12) = 1357,56,
dont les deux tiers = 905,04 pour la solidité de la
sphère.

Ou la sphère est encore égale en solidité à sa
surface multipliée par le tiers du rayon.

DEUXIÈME EXEMPLE :

7 : 22 :: AB = 12 : x = 37,71, et (37,71 × AB

= 12) = 452,52 , et (452,52 × 1/6 AB, ou 1/3 AC
= 2) = 905,04 pour la solidité égale.

PROBLÊME VINGT-DEUXIÈME.

Mesurer la solidité d'un secteur sphérique.

La solidité d'un secteur de la sphère est égale au produit de la surface de sa calotte par le tiers du rayon (*fig.* 23).

EXEMPLE :

7 : 22 :: AC = 12 : x = 37,71 , et (37,71 circonf. du grand cercle × 1Z = 2, flèche = 75,42, surface de la calotte (× $\frac{1}{3}$ du rayon AD = 2) = 150,84 pour la solidité du secteur sphérique ABD (*fig.* 23).

PROBLÊME VINGT-TROISIÈME.

Mesurer la solidité d'un segment sphérique.

La solidité d'un segment sphérique est égale à celle d'un cylindre qui a pour rayon la flèche, et pour hauteur, le rayon moins le tiers de la flèche.

Il faut construire un cylindre dont la circonférence ait la flèche du segment pour rayon, et pour hauteur, le rayon, moins le tiers de la flèche. (*fig.* 24 et 25).

EXEMPLE :

7 : 22 :: AB = 6 : x = 18,857 , et (18,857 × $\frac{1}{4}$ AB = 1,50) = 28,2855 , et (28,2855 × AC = 4) = 113,142.

Donc , 113,142 sera la solidité du segment sphérique ACBD (*fig.* 24).

Pl. I.

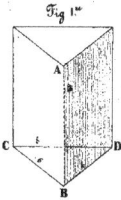

Fig. 1.er

Fig. 2.

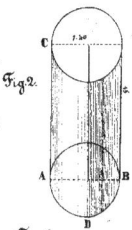

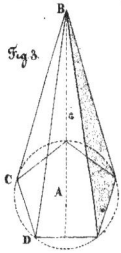

Fig. 3.

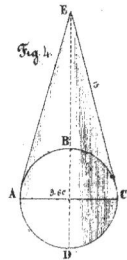

Fig. 4.

Fig. 5.

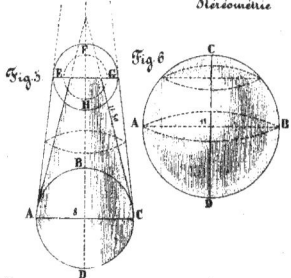

Fig. 6

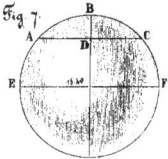

Fig. 7.

Fig. 8.

Fig. 9.

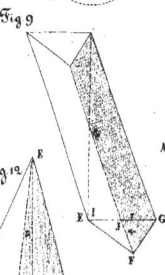

Fig. 10.

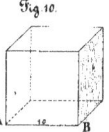

Fig. 11.

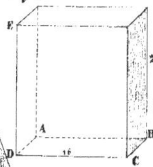

Fig. 13.

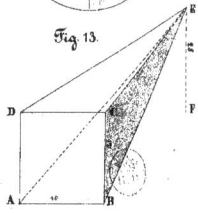

Fig. 12

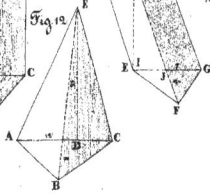

Fig. 15.

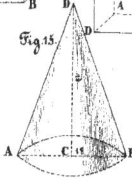

Fig. 14

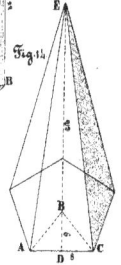

Pl. II.

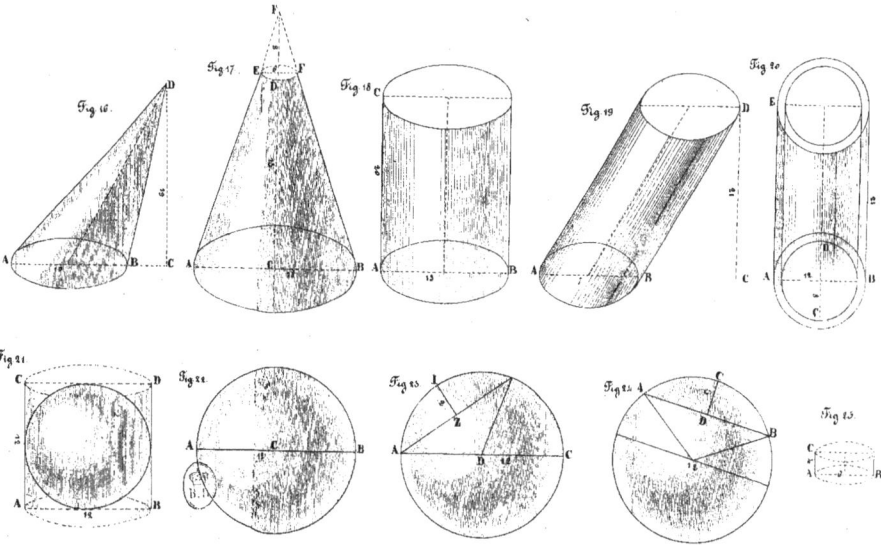

Fig 16. Fig 17. Fig 18. Fig 19. Fig 20.

Fig 21. Fig 22. Fig 23. Fig 24. Fig 25.

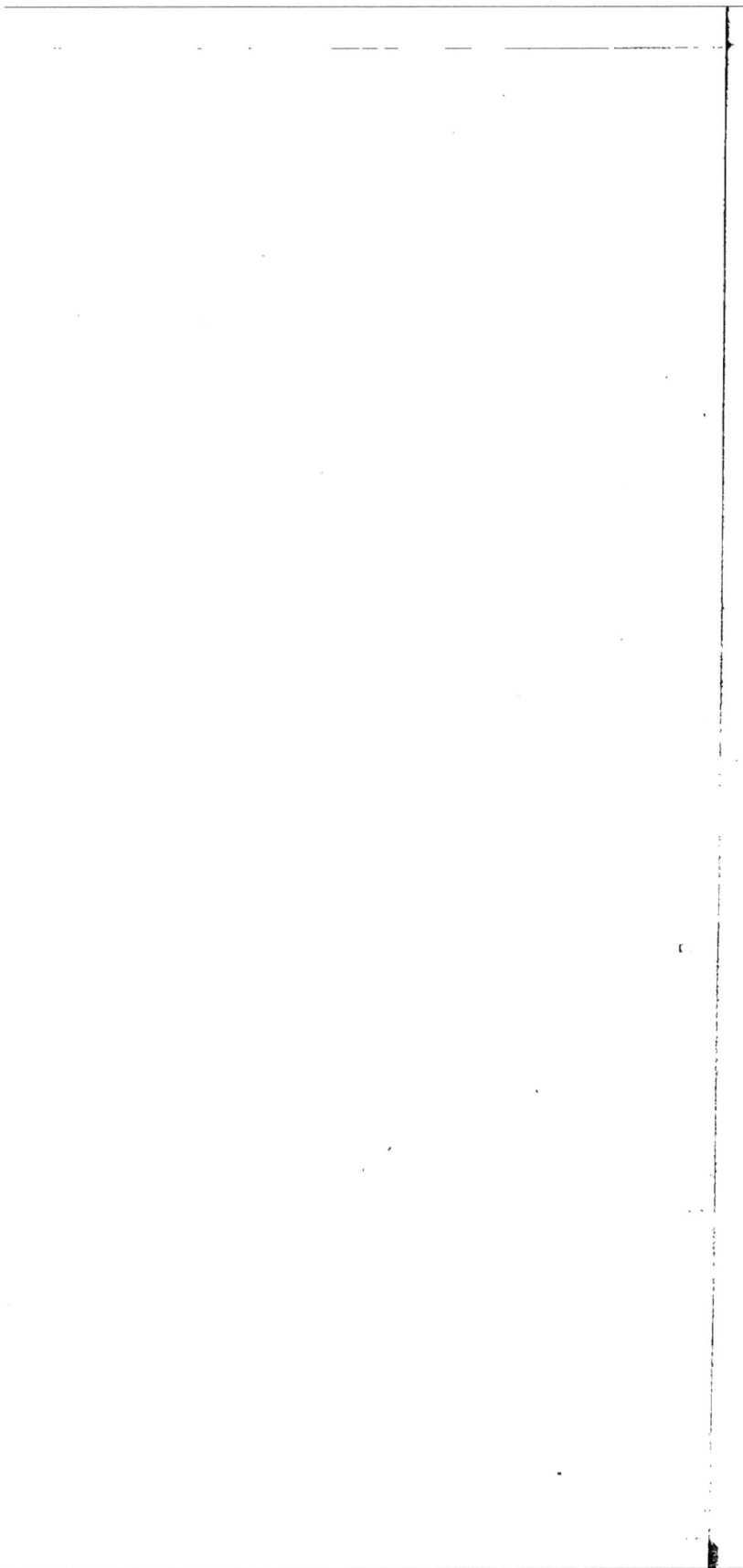

TRAITÉ

DE

TRIGONOMÉTRIE

PRATIQUE,

SANS SE SERVIR DE CALCULS,

ET SANS EMPLOYER LE SECOURS DES TABLES DE
SINUS, TANGENTES, CO-SINUS, ETC.,

NI INSTRUMENTS GÉOMÉTRIQUES;

*A l'usage des personnes qui ne sont pas initiées
dans les calculs logarithmiques.*

AVANT-PROPOS.

La Trigonométrie pratique que nous ajoutons à cette seconde édition, sera d'un secours indispensable aux personnes qui ne sont pas absolument instruites ni approfondies dans les calculs des sinus, et qui ne sont pas familiarisées avec les logarithmes ni les tables des sinus, tangentes, cosinus, etc., d'autant plus qu'en suivant le procédé que nous allons démontrer, elles pourront lever tous les plans topographiques et géographiques, sans calculs ni instruments autres que le décamètre et des jalons, et au moyen des cordes, des arcs de cercles et du rapport des triangles seulement avec l'échelle et le compas. Cette méthode ne manquera pas d'être d'une utilité particulière aux commençants, aux aspirants, et, nous le répétons, aux personnes qui ne sont pas initiées dans les calculs logarithmiques. D'après ce mode, les opérations se feront plus succinctement, avec la même justesse et la même précision.

TRAITÉ

DE

TRIGONOMÉTRIE

PRATIQUE,

Sans se servir de calculs et sans employer le se-
cours des tables de sinus, tangentes, co-sinus,
etc., ni d'instruments géométriques, à l'usage
des personnes qui ne sont pas initiées dans les
calculs logarithmiques.

PROBLÊME PREMIER.

D'un point donné sur le terrain, trouver la distance de
ce point à un autre point éloigné et inaccessible.

Que le point A (*fig. 1re.*) soit donné, et que de ce
point on veuille trouver la distance de ce point A au
point inaccessible B, c'est-à-dire, la distance de A à B.

Du point A donné, on choisira le terrain le plus
horizontal possible, et de ce même point A on mènera
avec des jalons une base à-peu-près proportionnée à
la distance AB, que l'on veut connaître de A en C,
pour avoir la base AC ; on mesurera cette base avec
le décamètre, le plus horizontalement possible, à
partir du point C au point A, que l'on suppose être de
83 décamètres, ou 830 mètres. Arrivé au point A, on
dirigera trois jalons au moins sur la direction de AB,
dont un sera placé au point A ; on fera la même
chose dans la direction de AC à partir du point A.

Cela fait , on mesurera 10 mètres , à partir du point A , sur la direction de AB , et 10 mètres dans la direction de AC aux points D et E ; ensuite on mesurera la corde DE entre les côtés AB et AC, qui sera de 6 mètres.

Ensuite , on retournera au point C , où on fera la même opération ; on mesurera la corde FG , qui sera 13 mètres entre les côtés CA et CB, et les opérations du terrain seront terminées.

On reviendra au cabinet, et on fera le rapport de l'opération sur le papier, comme il suit :

On prendra sur l'échelle, avec le compas, le même nombre de décamètres ou de mètres que contient la base AC ; après avoir tracé cette base sur le papier, et aux extrémités A et C de cette base, on décrira les arcs de cercle DE et FG , d'une ouverture de compas de 10 mètres ; puis on prendra sur l'échelle , pour l'extrémité A, la corde de la longueur de 6 mètres, que l'on portera de E en D , sur l'arc de cercle ED , et par les points A et D , on mènera la ligne indéfinie AB.

Et pour l'extrémité C, on prendra 13 mètres sur l'échelle avec le compas, que l'on portera sur l'arc de cercle GF , à partir du point G ; puis, par les points C et F on mènera la ligne indéfinie CB. Ces deux lignes auront leur intersection au point B, et mesurant sur le papier les lignes AB et CB avec le compas sur l'échelle , on trouvera que la distance du point A au point B sera de 85 décamètres, ou 850 mètres, et la distance du point C au point B, sera de 58 décamètres, ou 580 mètres.

PROBLÈME DEUXIÈME.

D'un point donné , trouver de ce point deux autres points éloignés et inaccessibles.

Soit le point **A** (*fig.* 2) donné, et les points **D** et **C**, dont on veut connaître les distances.

Du point **A**, on mènera sur le terrain le plus horizontal, la base **AB**, que l'on mesurera, et dont la longueur aura été trouvée de 600 mètres.

A l'extrémité de cette base au point **A**, on placera de ces points plusieurs jalons dans la direction de **AD** ; on fera la même chose dans la direction de **AC**. Ensuite, du point **B** on placera plusieurs jalons dans les directions de **BD** et de **BC** ; puis on mesurera exactement la corde **EF**, qui sera 5 mètres, laquelle sera prise à 10 mètres du point **A** ; on prendra de même la corde **FG**, qui sera de 10 mètres, et la corde totale **EG**, qui sera de 14 mètres.

On fera la même chose au point **B**, dont on trouvera la corde **JI** de 7 mètres ; la corde **IH** de 13 mètres, et la corde totale **HJ**, de 18 mètres. Cela fait, les opérations du terrain seront terminées.

On se retirera au cabinet, et l'on tracera sur le papier destiné au rapport, la base **AB**, que l'on prendra sur l'échelle avec le compas, de la longueur de 600 mètres, et à l'extrémité **A** de cette base, et d'une ouverture de compas égale à 10 mètres, on décrira l'arc de cercle indéfini **EG**, et du point **E** on portera sur cet arc 5 mètres au point **F**, dans la direction de **AC** ; puis, par les points **A** et **F**, on tracera la ligne indéfinie **AC**.

Ensuite on prendra la corde **EG**, à partir du point **E**, qui sera de 14 mètres, que l'on portera sur l'arc **EG**, au point **G** ; puis, par le point **A** et par le point **G**, on mènera la ligne indéfinie **AD**.

Revenant à l'extrémité de la base **AB** au point B , à partir de ce point, et d'une ouverture de compas de 10 mètres on décrira l'arc de cercle indéfini **JH**; et du point J on portera sur cet arc 7 mètres au point I , puis; par le point B et le point I , on tracera la ligne indéfinie **BD**.

On portera ensuite, du point J au point H ; la corde JH, de 18 mètres; puis, par le point B et le point H , on tracera la ligne indéfinie **BC**.

Ces lignes ainsi tracées auront leurs intersections aux points C et D.

Mesurant ensuite ces lignes sur l'échelle avec le compas sur le papier, ou trouvera la distance **AD** de 480 mètres , **AC** de 1,000 mètres , **BD** de 720 mètres, **BC** de 530 mètres , et **CD** de 830 mètres.

PROBLÈME TROISIÈME.

D'un point donné à volonté, trouver, à partir de ce point, trois autres points éloignés et inaccessibles dont on a besoin de connaître les distances, et les distances intermédiaires entre ces points.

Le point A (*fig.* 3) est le point donné, duquel on veut connaître les distances **AD**, **AC** et **AE**, et les distances intermédiaires **CD**, **CE** **ED** , **BC**, **BD** et **BE**.

Pour faire cette opération, on choisira le terrain le plus de niveau possible pour établir la base **AB**, que l'on mesurera avec exactitude. Cette base est supposée être de 890 mètres ; à l'extrémité A de la base, on placera des jalons dans les directions de **AD**, **AC** et **AE**; on fera de même à l'autre extrémité B, et l'on placera des jalons dans les directions de **BC**, **BD** et **BE**.

Cela fait, on mènera la corde entre **AB** et **AD**,

qui sera de 11 mètres ; celle entre AB et AC , qui sera de 6 mètres.

Ensuite on prendra la corde entre BA et BD , qui sera de 9 mètres ; celle entre AB et BC , qui sera de 16 mètres , et celle entre BA et BE , qui sera aussi de 16 mètres. Cela fait, les opérations du terrain seront achevées.

Étant rentré au cabinet, on fera le rapport de la figure sur une feuille de papier à ce destinée. On tracera la base AB de la longueur de 890 mètres , prise sur l'échelle avec le compas ; ensuite on posera la pointe du compas à l'extrémité A de la base , et d'une ouverture de 10 mètres , prise sur l'échelle, on décrira l'arc de cercle MJ ; puis , de la même ouverture de compas, on posera une pointe à l'autre extrémité B de la base, et on décrira l'arc de cercle HF ; ensuite on portera sur ces arcs la corde de 6 mètres entre les côtés AB et AC, 11 mètres entre AB et AD ; puis à l'autre extrémité B , on portera la corde 9 mètres entre BA et BD ; 16 mètres entre BA et BC , et 16 mètres entre BA et BE.

Cela fait, par les points A et K, on mènera la ligne indéfinie AC par les points A et J, on conduira AD par les points A et M, on mènera de même AE ; par les points B et I, on mènera BD ; par les points B et F, on mènera également BC , et enfin par les points B et H, on mènera aussi BE.

Toutes ces lignes indéfinies auront leurs intersections aux points CD et E ; alors , d'après ce rapport, il sera facile de mesurer sur le papier leurs longueurs, à l'aide de la même échelle et du compas.

On trouvera la distance AD , de 660 mètres ; AC , de 1270 mètres ; AE , de 1120 mètres ; BC , de 720 mètres ; BD , de 880 mètres , et BE , de 560 mètres.

Les distances intermédiaires seront CE , de 1270 mètres ; CD , de 790 mètres , et DE , 1550 mètres.

PROBLÈME QUATRIÈME.

*D'un point donné sur le terrain, connaître la distance
de point à quatre autres points, dans lesquels il y a un
point qui ne peut être aperçu des extrémités de la base.*

Soit le point A (*fig. 4.*) donné, dont on veut connaître les distances de ce point aux points D, C, E et F.

De ce point A, étant sur le terrain, on choisira le
plus horizontal qu'il sera possible pour établir la base
AB, que l'on mesurera. Cette base est supposée être
de 730 mètres. A l'extrémité A, on prendra la corde
de 5 mètres entre AB et AC ; on prendra ensuite la
corde entre AB et AD, qui sera NL, de 17 mètres ;
puis la corde NO, entre AB et AE, qui sera de 18
mètres.

On se transportera ensuite à l'autre extrémité B de
la base, et on prendra la corde IH, de 6 mètres, entre
BA et BD ; on prendra ensuite la corde IG, de 17 mètres, entre BA et BC ; puis la corde IJ, de 5 mètres,
entre BA et BE, et enfin la corde IK, de 13 mètres,
entre BA et BF.

Mais, comme du point A on n'a pu apercevoir le
point F, à cause d'un bois qui en couvre la vue, on se
transportera au point E, et l'on prendra la corde PQ,
de 8 mètres, entre EB et EF.

Les opérations du terrain étant terminées, on reviendra au cabinet pour en faire le rapport.

On commencera par tracer sur le papier destiné au
rapport, la base **AB**, qui est de 730 mètres de longueur, prise sur l'échelle avec le compas. A l'extrémité
A, et d'une ouverture de compas de 10 mètres, on
décrira l'arc de cercle ONML ; on portera la même
ouverture au point B, et de ce point pris pour centre,
on décrira l'arc de cercle KJIHG.

Cela fait, on portera sur l'arc de cercle de l'extrémité A, la corde NM, de 5 mètres, entre les côtés AB et AC ; la corde NL, de 17 mètres, entre AB et AD ; la corde NO, de 18 mètres, entre AB et AE.

Ensuite on opèrera sur l'arc de cercle de l'extrémité B ; on portera la corde III, de 6 mètres, entre BA et BD ; la corde IG, de 17 mètres, entre BA et BC ; la corde IJ, de 5 mètres, entre BA et BE, et enfin la corde IK, de 13 mètres, entre BA et BF.

Puis, par les points AL, on mènera la ligne indéfinie AD ; de même, on mènera AC, par les points AM ; AE, par les points AO ; BD, par les points BH ; BC, par les points BG ; BE, par les points BJ et BF, par les points BK.

Cette opération étant terminée, toutes ces lignes auront leurs intersections aux points D, C et E.

Mais comme du point A on n'a pu apercevoir le point F, on portera une ouverture de compas de 10 mètres au point E, et de ce point, pris pour centre, on décrira l'arc de cercle PQ ; sur cet arc, on portera la corde PQ, de 8 mètres, entre EB et EF, et par les points E et Q, on mènera l'indéfinie EF.

D'après ces opérations, il sera facile de mesurer toutes les distances sur le papier, avec le compas et l'échelle.

On trouvera AD de 470 mètres, AC de 980 mètres, BC de 490 mètres, BD de 1,000 mètres, AE de 760 mètres, EB de 1230 mètres, EF de 1,050 mètres, et BF de 780 mètres.

Et pour les distances intermédiaires, on trouvera CD de 1040 mètres, DE de 1120 mètres, DF de 1550 mètres, AF de 1090 mètres, EC de 1650 mètres, et FC de 1270 mètres.

REMARQUE.

Pour se servir de cette méthode, qui est très-facile à exécuter, tant sur le terrain que sur le papier, il faut y apporter un soin particulier dans la mesure des cordes. Pour les mesurer avec précision, il faut que les jalons soient placés dans la juste direction des lignes, et pour prendre les cordes sur le terrain, il s'agit d'avoir un décamètre bien divisé, et un mètre aussi exactement divisé, tant en centimètres qu'en millimètres, pour prendre les fractions de mètre ; car faute d'avoir négligé quelques millimètres sur les cordes, l'opération deviendrait vicieuse et défectueuse.

Ce procédé est très-facile à exécuter, d'autant plus qu'il ne faut employer ni calculs ni instruments autres que le décamètre et des jalons, mais il faut y apporter la plus grande précision.

Il est aisé de voir qu'ayant bien compris la pratique des quatre problèmes précédents, on pourra lever tous les plans topographiques de telle étendue qu'ils puissent être. Cette méthode ne manquera pas d'être utile et d'un grand secours pour les commençants, les aspirants, et pour les personnes qui ne sont pas initiées dans les calculs logarithmiques, et qui n'ont pas l'usage des tables des sinus, tangentes, etc.

Pl. I.   *Trigonométrie*

Pl. II.   *Trigonométrie*

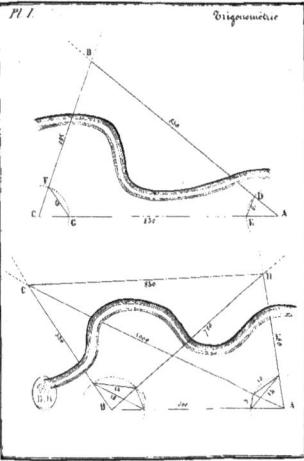

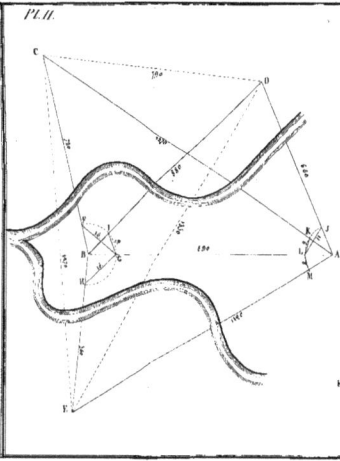

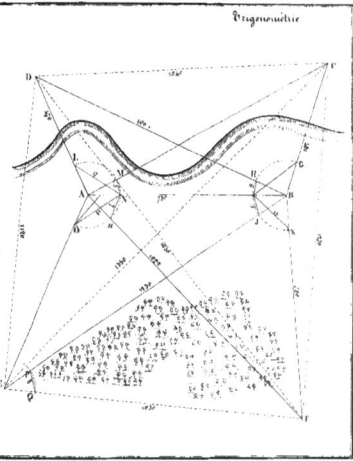

(155)

TABLE DES MATIÈRES
DE LA
STÉRÉOMÉTRIE.

Des Surfaces.

TABLE DES MATIÈRES

DE LA

TRIGONOMÉTRIE.

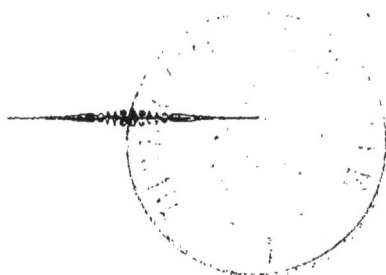

AMIENS. — IMPRIMERIE DE CARON-VITET.

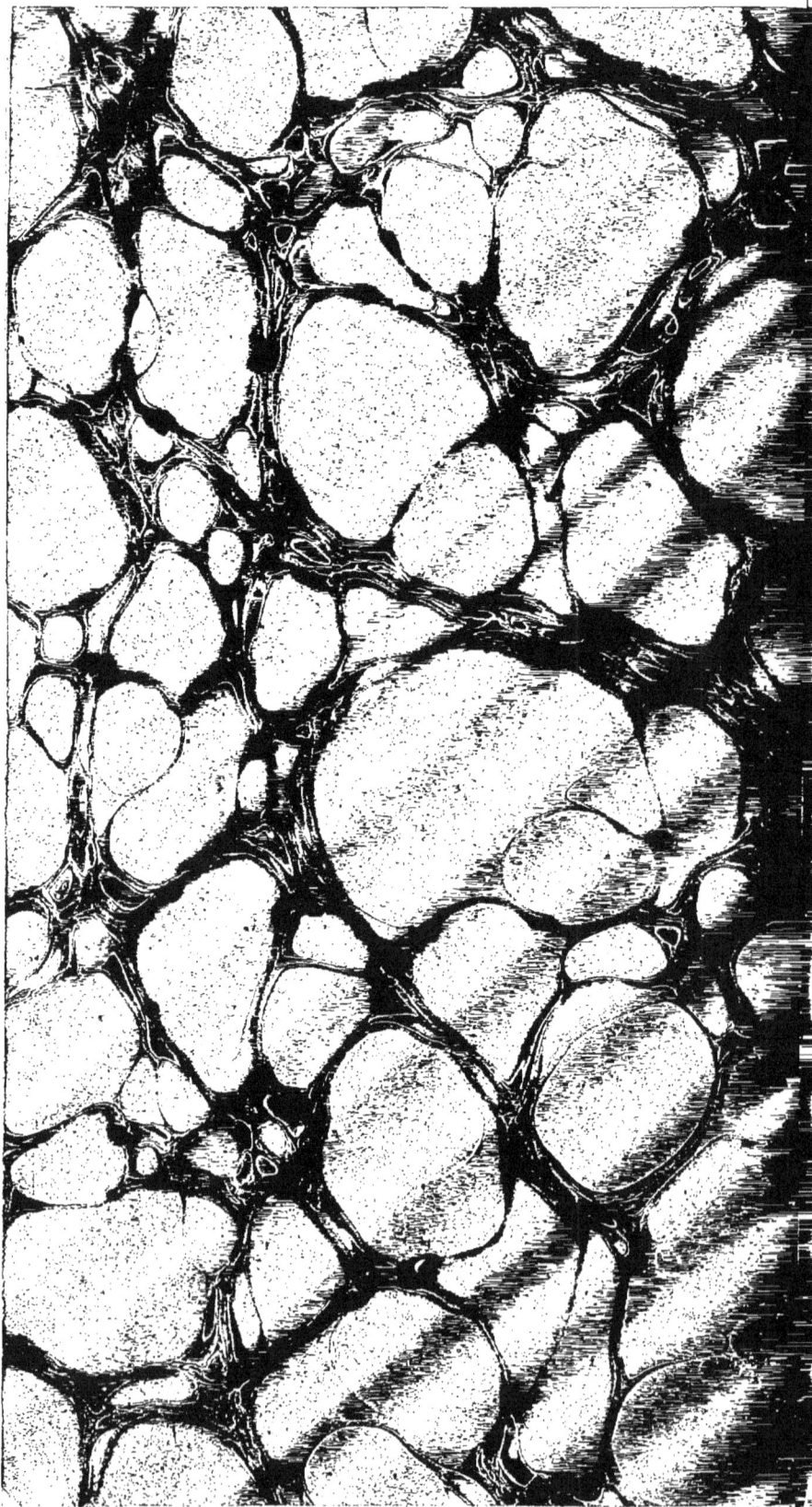

www.ingramcontent.com/pod-product-compliance
Lightning Source LLC
Chambersburg PA
CBHW070545200326
41519CB00013B/3131